V 2307

20941

LES NOVVELLES
PENSEES
DE
GALILEE,
MATHEMATICIEN
ET INGENIEVR
DV DVC DE FLORENCE.

Où il eſt traitté de la proportion des
Mouuements Naturels, & Violents,
& de tout ce qu'il y a de plus ſubtil dans
les Mechaniques & dans la Phyſique.

Où l'on verra d'admirables Jnuentions, &
Demonſtrations, inconnuës iuſqu'à preſent.

Traduit d'Italien en François.

❈❈❈

A PARIS,

Chez HENRY GVENON, ruë ſainct Iacques, à
l'Image de S. Bernard, prés les Iacobins.

M. DC. XXXIX.
AVEC PRIVILEGE DV ROY.

PREFACE,
AV LECTEVR.

Où l'on void de belles remarques des
centres de grauité, & des parties
aliquotes des nombres.

E Liure ne peut qu'il
ne soit agreable à ceux
qui ayment les sciences
& les obseruations, puis
qu'il en est tout remply;
& bien que les demon-
strations n'ayent peu estre mises par tout,
à raison de la grande multitude des figures qu'il eust fallu : il y en a neantmoins
assez pour donner sujet aux plus sçauans
d'admirer l'excellent esprit du sieur Ga-
lileé, lequel nous a donné de tres-beaux
secrets dans les Mechaniques, & dans les

à iiij

Mouuemens naturels & forcez, ou violents, pour en contempler les proprietez
& les effects. Et si ces cinq Liures ne contiennent pas tous ses discours de mot à
mot, ils en donnent pour le moins toute
la substance, si l'on en excepte l'addition
qu'il fait des centres de grauité ; Mais
i'en mettray icy plusieurs remarques particulieres pour recompenser le traicté
qu'il en fait, lesquelles ont esté faites par
vn excellent Geometre : & puis i'ache-
ueray cette Preface par la contemplation
des nombres, dont les parties aliquotes
sont multiples, afin de suppleer ce qui
manque à la XIII. Obseruation mise à la
fin de l'Harmonie vniuerselle.

Or plusieurs ont trouué le centre de pesanteur de quelques corps, par exemple,
celuy du conoide, lequel ayant vn cercle
pour sa base, est descrit par vne parabole, qui torne autour de son aissieu, lequel
est tellement diuisé par ledit centre, en
trois parties esgales, que la distance depuis ce centre iusques au sommet de ce
conoide, est double de celle qui est depuis ce mesme centre iusques a la base.
Galilee dóne vn petit Traicté des centres

de grauité à la fin de son Liure : mais il y a
ce me semble peu de choses à dire sur
ce sujet, apres ce qu'Archimede, Commandin, Luc Valere, Steuin, & quelques
autres en ont demonstré. C'est pourquoy
ie mets seulement icy ce qu'en a remarqué vn excellent Geometre.

Soit donc A B C vne ligne courbe, de
telle nature, que
les segmens de
son diametre, par
exemple, BF, FG,
ayent entre-eux
mesme propor-
tion, que les cu-
bes des lignes ap-
pliquees par or-
dre à ces segmés,
à sçauoir I F,
H G, & que BD
soit l'aissieu, ou le
diametre de la
figure comprise
par cette ligne
courbe A B C, & la droite A C.
Si l'on diuise ce diametre B D par le
poinct M, en telle façon que la ligne B M

ã iiij

soit à la ligne M D, comme quatre à trois,
le poinct M, sera le centre de grauité de
cette figure. Et en la courbe, où les
segmens des diametres sont entr'eux
comme les quarrez des quarrez des ordonnees, il faut faire B M à M D, comme
cinq à quatre. En la suiuante, où ces segmens sont comme les sur-solides des
ordonnees, il faut faire B M à M D, comme six à cinq. Et comme sept à six, en celle où ces sequences sont comme les quarrez de cube des ordonnees. Et comme
huict à sept en la suiuante, & ainsi des autres à l'infiny, pour trouuer leurs centres
de grauité. Certes ceux qui se plaisent à
raporter à l'harmonie tout ce qui se rencontre dans l'art, & dans la nature, ont
icy de fort belles remarques, puisque le
centre de la parabole quarree diuise l'a-
xe en deux parties, qui sont comme trois
à deux. Les parties de celuy de la cubi-
que sont comme quatre à trois : de la
quarree quarree, comme de cinq à quatre, & celles de la surfolide, comme six à
cinq, qui donnent les raisons de toutes
les simples consonances.

Outre cela, suppofant que B D tombe

ſur A C à angles droicts, & que A B C
ſoit vn conoide deſcrit par la ligne courbe A B ou B C, meuë circulairement autour de l'aiſſieu B D : en ſorte que la baſe
A C ſoit vn cercle, l'on trouuera le centre de ce corps A B C D, lors que la courbe A B C, eſt celle dont les ſegmens du
diametre ſont comme les cubes des ordonnees, ſi l'on fait B M á M B, comme
cinq à trois. Si c'eſt la ſuiuante, il faut la
faire comme ſix à quatre : ſi l'autre ſuiuante, comme ſept à cinq: ſi l'autre, comme huict à ſix, & ainſi à l'infiny.

De plus, ſi l'on veut ſçauoir les aires
de ces figures, en la premiere la ſurface
compriſe par cette courbe , & la ligne
droicte A C, eſt au triangle inſcrit A
B C, côme ſix à quatre. Et comme huict
à cinq en la ſeconde ; comme dix à ſix en
la troiſieſme, & comme douze à ſept dans
la quatrieſme, & ainſi à l'infiny.

Et ſi A B C eſt le premier conoide, c'eſt
à dire celuy qui eſt deſcrit par la premiere de ces lignes, il eſt au cone inſcrit,
comme neuf à cinq : ſi c'eſt le ſecond, il
eſt à ce cone comme douze à ſix : ſi c'eſt
le troiſieſme, comme quinze à ſept : ſi le
                                      á v

quatriefme, comme dix-huict à huict : fi le cinquiefme, comme vingt & vn à neuf, & ainfi à l'infiny.

En fin pour trouuer leurs tangentes, en la premiere de ces courbes, fi elle eft touchee au poinct C, par la ligne droicte CE. BE fera double de BD, & triple de la mefme BD en la feconde ; quadruple en la troifiefme, & quintuple en la quatriefme, & ainfi à l'infiny.

Ie viens maintenant aux parties aliquotes, lefquelles font plus de peine à trouuer, que nulles autres difficultez de Geometrie : de la viet que plufieurs n'en ont peu venir à bout. Or le premier nombre dont on a pris fujet d'y trauailler, eft 120. dont les parties aliquotes font le double, à fçauoir 240. Iamais l'on n'en auoit trouué d'autres que ie fçache, & mefme la plufpart des Analyftes ne fçauoient pas s'il y en auoit de femblables, iufques à ce que d'excellens Geometres, Analyftes & Arithmeticiens, ont adioufté depuis peu de temps 672. 523776. & 1476304896. qui ont la mefme proprieté ; & de plus, vn excellent efprit a trouué que le nombre qui fuit, dont les par-

ties aliquotes font auſſi le double, à ſçauoir 459818240. eſtant multiplié par 3.
c'eſt à dire eſtant triple, produit le nombre 1379454720. dont les parties aliquotes font le triple. Ils en ont encore trouué
qui font ſous-triples de leurs parties aliquotes, par exemple, ceux qui ſuiuent,
30240. 32760. 23569920. 45532800.
142990848. 4386147 8400. 66433720320.
403031236608. auſquels ils en peuuent
adiouſter mille autres qui auront la meſme proprieté, & meſme qui ſeront qua-
druples de leurs parties aliquotes, cóme
font les trois qui ſuiuent, 14182439040.
508666803200. & 30823866178560.
& tant qu'on voudra d'autres, dont les
parties aliquotes feront le quintuple, le
ſextuple, le cétuple, &c. iuſques à l'infiny.
ce qui n'auoit point eſté cónu que iuſqu'à
preſent. L'on n'auoit point auſſi connu
d'autres nombres, dót les parties aliquotes priſes alternatiuemét reproduiſiſſent
les meſmes nombres amiables, que 284.
& 220. leſquels on appelle *amiables*, parce
que les parties aliquotes de 284. font
220. & celles de 220. font 284. Mais l'on
a depuis peu trouué les deux couples qui

fuiuent, 18416. 17296. & 9437056.
4363584. Or ie mets icy la methode
qu'vn excellent Geometre a donnee,
pour trouuer vne infinité de nombres
femblables aux precedents, c'eft à dire,
lefquels eftans pris deux à deux, l'vn eft
efgal aux parties aliquotes de l'autre, &
reciproquement l'autre eft efgal áux parties aliquotes du premier. Voicy la regle.

Si l'on prend le binaire, ou tel autre
nombre qu'on voudra, produit par la
multiplication du binaire, pourueu qu'il
foit tel, que fi l'on ofte l'vnité du nombre
qui luy eft triple, il foit nombre premier;
de mefme que le nombre fextuple, dont
on ofte l'vnité, foit nombre premier : &
finalement, fi l'vnité eftant oftee du nombre octodecuple de fon quarré, il eft encore nombre premier, & que l'on multi-
plie ce dernier nombre par le double du
nombre que l'on a pris, l'on aura vn nombre dont les parties aliquotes donneront
vn autre nombre, duquel les parties aliquotes produiront le nombre precedent:
par exemple, ie prends trois nombres, 2.
8. & 64. & trouue les trois couples des
nombres precedens.

Ie laiffe mille autres remarques de peur
d'oublier la principale, à fçauoir qu'il eft
neceffaire de corriger toutes les fautes
de l'impreffion, mifes à la fin du Liure,
auant que de le lire, lequel eft fi court &
fi petit, que chacun le peut porter aux
champs pour fe recreer.

TABLE DES MATIERES
contenuës en ce Liure.

147

Table des matieres.

Table des matieres.

Table des matieres.

Table des matieres.

F I N.

LIVRE PREMIER.

DES NOVVELLES

PENSEES DE GALILEE,
touchant les Mechaniques
& la Physique.

*Ie diuise ce Liure en 24. Articles, à raison des
24. choses principales qui y sont expli-
quees, & prends la liberté de remarquer
ce que i'ay reconnu estre contre l'experience, afin que nul ne soit prcoccupé d'aucun erreur.*

ARTICLE I.

*Que les grandes machines ne sont pas si fortes que les
petites, à proportion de leur grandeur.*

GALILEE prend sujet de parler
des machines, en considerant
que les grands vaisseaux de
mer, comme les Galeaces de l'Arsenac

A

de Venife, ne refiftent pas tant, à proportion de leur grandeur, comme font les
petits vaiffeaux ; & fouftient que ce que
l'on dit ordinairement, que les machines
reüffiffent mieux'en petit qu'en grand,
n'eft pas toufiours veritable, puifque les
grands horloges marquent les heures
plus iuftement que les petits.

Il dit en fuite, qu'encore que les machines ne fuiuent pasl'idee de l'efprit, à
raifon des differentes alterations, aufquelles la matiere eft fujette, qu'il arriueroit neantmoins la mefme chofe, bien
que leur matiere ne fuft fujette à nulle al-
teration, parce qu'elles deuiennent plus
foibles, & refiftent moins, à proportion
qu'on les augmente ; de forte qu'on peut
demonftrer Geometriquement, que toutes fortes d'inftruments, tant artificiels
que naturels, ont des bornes qu'ils ne
peuuent furpaffer, quoy que l'on obfer-
ue iuftement toutes les proportions, &
que leur matiere foit tres-vniforme. Par
exemple, lors que la longueur d'vne colomne ou d'vn bafton, fellez dans vne
muraille, & s'eftendans horizontalement, fera centuple de leur groffeur, fi

l'on adiouſte tant ſoit peu à cette longueur, la colomne ſe rompra d'elle-
meſme : de là viét qu'vn cheual, ou quelque autre gros animal ſe romproit les os,
s'il tomboit de cinq ou ſix toiſes de haut,
au lieu qu'vn chien ou vn chat ne ſe bleſ-
ſeroit pas : qu'vn fourmy tombant depuis le haut d'vne tour, ou meſme depuis
la Lune, ne ſe feroit aucun mal : qu'vn
petit enfant ne ſe bleſſe pas ſi fort en tombant, comme vn grand hóme ; & qu'vn
cheſne haut de deux cens braſſes ne ſou-
ſtient pas ſi bien ſes branches, qu'vn petit
cheſne, &c. C'eſt pourquoy la nature ne
peut faire de cheual, ou d'homme dix fois
plus grands que les ordinaites, ſans vn
miracle particulier, parce que les os ſe
romproient d'eux-meſmes, quoy qu'ils
gardaſſent la proportion du grand au petit. C'eſt pourquoy l'on ne peut eſleuer
les grandes colomnes & les aiguilles de
marbre, ſans vn grand peril de les rompre ; à raiſon que leur peſanteur contri-
buë dauantage à leur rupture, que celle
des petites colomnes. A quoy il rapporte
l'accident d'vne colomne qui s'eſt rompuë par le milieu, apres qu'vn Artiſan eut

mis vn troiefme appuy fous ledit milieu,
craignant qu'elle ne fe rompift par cét
endroit, au lieu qu'elle ne s'eftoit point
rompuë lors qu'elle n'auoit que deux appuis à fes deux extremitez : ce qui ne fuft
pas arriué à vne petite colomne, quoy
que femblable, tant en groffeur qu'en
longueur, dont il donne la raifon en fa
feconde iournee.

Ce qui femble merueilleux, en ce que
l'on experimente que la force des corps a
couftume de croiftre dauantage que leur
groffeur, puis qu'vn cloud ou vn bafton
double en groffeur d'vn autre, eft huict
fois plus fort que le bafton, & le cloud
fous double. Et neantmoins nous voyons
que les perits animaux font fouuent plus
forts à proportion, que ne font les plus
grands. Ce font là les difficultez d'où il
prend occafion de difcourir de la force &
de la refiftence des cylindres ou des colomnes, & d'en faire vne nouuelle fcien-
ce des Mechaniques, comme l'on verra
dans les Articles fuiuans.

ARTICLE II.

D'où vient la grande force des colomnes qui
font fi difficiles à rompre, eſtant tirees de
haut en bas, & ſi la ſeule crainte du vuide
en peut eſtre la cauſe.

A

B

POvr bien entendre cette
difficulté, il faut s'imaginer
que la ligne A B, ſoit vne colomne attachee en haut à vn
plancher, ou à vne voûte, au
poinct A, & qu'elle ſoit tiree
perpendiculairement de haut en
bas par vn poids attaché au point
B. Or il eſt certain que la force
d'vne colomne de bois ou de marbre, ou
de telle autre matiere qu'on voudra, n'eſt
pas infinie, & partant que l'on peut tellement augmenter le poids ou la force B,
que la colomne A B, ſe rompra, comme
feroit vne chorde de chanvre, ou de cuiure: car les cylindres, ou autres pieces de
bois prennent leur force des filaments
& des fibres, dont ils ſont tiſſus, comme

A iij

font les chordes, quoy qu'ils ſoient beaucoup plus forts. Quant aux cylindres de
metal, qu de marbre, où il ne paroiſt
point de tels filaments, il ſemble que la
reſiſtance de leurs parties vienne de
quelque ſorte de colle naturelle.

La grande force ou reſiſtance des
chordes de chanvre viént de ce que chaque filet eſt tellement preſſé par les autres, auec leſquels il eſt entortillé, que
lors qu'on tire la chorde, nul filet ne peut
ſe ſeparer : de là vient, qu'elle ſe rompt
quaſi comme feroit vn morceau de marbre, côme ſi elle eſtoit coupee, ſans que
les filaments ſe quittent les vns les autres : d'où il arriue qu'elle ſe rompt auſſi
bien en la tendant, qu'en la tirant.

Cette reſiſtence des fibres & filaments,
s'explique aſſez bien, par les filets que
l'on tient entre les doigts : car l'on a dautant plus de peine à les tirer, & à les ſeparer, qu'on les eſtreint plus fort ; & s'ils
ſont entortillez autour du doigt, ils rompent pluſtoſt que de quitter. Ce qu'il explique par deux cylindres qui preſſent
vne chorde ; & par ſon entortillement
autour de l'vn deſdits cylindres : car cét

entortillement fait que plus on la tire de
haut en bas, & plus elle eftraint le cylindre : de forte qu'elle refifte dautant plus,
que fes plis & tortils font en plus grand
nombre, & plus pres à pres, à raifon que
la chorde touche le cylindre en vn plus
grand nombre de parties. Et parce qu'il y
a vne grande multitude de femblables
entortillemens dans les chordes de chanvre, il arriue qu'elles refiftent merueilleufement, auant que de rompre en les tirant. De là vient auffi qn'vne chorde en-
tortillee au tour de l'axe des grües & autres engins, qui feruent pour leuer des
fardeaux rres-pefans, ne lafche point, encore qu'elle ne tienne à nulle cheuille, &
qu'vn homme en tienne l'extremité auec
vne feule main.

A quoy fe rapporte l'inuention du petit cylindre creufé tout autour, en forme
d'helice ou de viz, afin de faire couler
vne chorde, qui fert à defcendre du haut
d'vne tour fans fe bleffer les mains : de
forte qu'on fe repofe quand on veut, &
qu'on defcend plus ou moins vifte, felon
qu'on eftraint plus ou moins la chorde
contre ledit cylindre, qui eft couuert

d'vn autre morceau de bois, ou de quelque autre matiere creuſe, qui ſert pour enfermer la chorde & le cylindre.

Apres cét entortillement de filamens & de fibres, par lequel on explique la tiſſure, qui fait que les cylindres de bois, & les chordes ont vne ſi grande reſiſtence, il dit que la fuite du vuide eſt cauſe de la reſiſtance des cylindres, qui n'ont point de fibres, outre la colle naturelle, qui aſſemble & vnit leurs parties.

Quant à la reſiſtance de la part du vuide, elle ſe remarque à la difficulté que l'on a, lors que l'on tire perpendiculairement vn morceau de marbre bien poly de deſſus vn autre piece, qui eſt auſſi polie : car la piece de deſſus emporte & tire auec ſoy celle de deſſous, qui ne peut s'en ſeparer, à raiſon qu'il y auroit du vuide, quoy que pour auſſi peu de temps, qu'il en faut pour le mouuement de l'air exterieur iuſques au milieu de la piece : par exemple, s'il y a vn pied depuis ſes extremitez iuſques au milieu, l'air n'employeroit pas vne tierce minute à faire ce chemin : car ſes cercles font naturellement vingt-trois pieds dans vne tierce.

L'on void la difficulté de cette feparation aux morceaux de bois ou de pierre, qui s'entretouchent fans eftre polis : & parce que l'attouchement mutuel des parties qui compofent les cylindres de pierre & de metal, eft tres-exact, il arriue qu'elles refiftét merueilleufement, auant qu'elles fe rompent, & qu'elles cedent à la force qui les tire.

De cette refiftance des morceaux de pierre polie, ou d'autre matiere, qui ne fe feparent pas pour la crainte du vuide : l'on peut conclure contre Ariftote, que le mouuement ne fe feroit pas dans le vuide en vn inftant, autrement cette crainte n'empefcheroit pas leur feparation, parce qu'il rempliroit dans le mefme moment de la feparation tout le vuide que l'on pourroit craindre. Et parce que lefdites pierres fe peuuent feparer par force, il s'enfuit que le vuide demeure quelque temps fans eftre remply. Mais fi l'on confidere que la difficulté de cette feparation precede le vuide, lequel n'eft qn'vne priuation qui n'agift point, comme quoy fe peut-il faire que cette crainte foit caufe de cette refiftance, fi ce n'eft

que l'on die que la nature abhorre l'im-
poffible. Galilee ne refpond point à cette
difficulté, qu'il quitte, pour monftrer côme l'on peut diftinguer & feparer la
force que peuuent auoir les cylindres, à
raifon de la crainte du vuide, d'auec celle qui leur vient de leur colle, ou d'ailleurs.

Et pour ce fujet il vfe d'vn cylindre
d'eau, dont les parties n'ont nulle refiftance à fe feparer, que celle qui vient de
la feule crainte du vuide, lequel apres
auoir enfermé dans vn cylindre creux de
metal, ou de verre creufé, & tourné bien
exactement, comme eft vn feau cylindri-
que, lequel ne doit pas eftre tout à faict
remply, il y adioufte vn autre cylindre
tout maffif, que l'on peut nommer vn
Embolus, dans lequel il fait vne entailleure pour laiffer fortir l'air, laquelle il
remplit d'vne verge de fer, apres que l'air
eft forty, afin qu'il n'y ait rien entre le cylindre d'eau, & celuy de bois, ou l'embolus, c'eft à dire le tampon, qui touche
l'eau.

Cette preparation eftant faite, il attache des poids au bout crochu de la verge

de fer, iufques à ce que leur pefanteur tire le tampon de dedans le cylindre creux,
& le fepare d'auec l'eau, & conclud que
la force, ou la pefanteur qui fait cette feparation, monftre la refiftance qu'ont les
cylindres pour la feule crainte du vuide.
Or il fuffit que le feau ou le cylindre
creux ait deux ou trois doigts de hauteur d'eau, & que l'on pouffe tellement
le tampon iufques à la furface de l'eau,
que tout l'air forte par ladite entailleure,
qui fe remplit en tirant la verge de fer,
qui a fon extremité d'enhaut faite en cone renuerfé, afin qu'en la tirant, ce cone,
qui remplit la plus grande largeur de
l'entailleure faite au tampon, empefche
que la verge de fer tiree par la pefanteur,
n'efchape & quitte ledit tampon: lequel
ayant efté feparé de l'eau par la force du
poids, il faut pefer ledit tampon, la verge de fer, & les autres pefanteurs, & puis
en attacher autant au bout de la colomne de marbre, de mefme groffeur que le
cylindre d'eau; fi elle fe rompt auec le
mefme poids, l'on conclura que fa refiftance ne vient que de la feule crainte du
vuide: & s'il y faut adioufter quatre fois

autant de pesanteur, ladite crainte ne contribuera que la cinquiesme partie de la resistance.

Il ne s'arreste pas aux difficultez que l'on fait sur ce que l'air, ou quelque autre corps plus subtil peut passer àtrauersle verre, ou les autres vases, & entre l'embolus & la verge de fer, parce qu'il s'ensuiuroit que le vase se gonfleroit au haut, ce qui n'arriue pas : & puis il passe à vne autre difficulté, qui consiste à sçauoir pourquoy vne pompe, qui tire l'eau par aspiration, & non par impulsion, n'en peut plus tirer, lors que l'eau s'est vn peu plus abbaissee qu'à l'ordinaire : de sorte qu'il est impossible qu'elle tire, lors que l'eau est basse de plus de dix-huict brasses, quoy que la pompe soit estroitte, ou large tant qu'on voudra. D'où il conclud qu'il arriue quasi la mesme chose à ce cylindre d'eau de dix-huict brasses, qui ne peut plus estre soustenu, qu'à vne chorde & vn cylindre de fer, de marbre, &c. qui se rompent d'eux-mesmes, lors qu'ils sont trop longs pour se soustenir & se conseruer. C'est pourquoy si l'on pese vn cylindre d'eau de dix-huict brasses de long, on aura la force & la pesanteur qui suffit pour vaincre ou pour esgaler la resistance des cylindres, qui depend de la crainte du vuide, lors que les cylindres seront de mesme grosseur que celuy de l'eau.

D'où l'on conclud encore qu'elle doit estre la longueur d'vne chorde ou verge de fer, pour se rompre par son propre poids : par exemple, si l'on prend vne chorde de leton, comme sont celles de l'Epinette, & qu'il falle luy attacher cinquante liures pour la rompre, lors qu'elle sera assez logue pour peser cinquante liures, elle se rompra d'elle-mesme : si elle est longue d'vne brasse, qui pese la huictiesme partie d'vne once, & que cinquante liures la rompent, il faut conclure qu'elle se rompra d'elle-mesme, lors qu'elle aura quatre mille huict cens & vne brasses, puis qu'il y a quatre mil huict cens huictiesmes d'onces dans cinquante liures. Et si l'on veut trouuer la resistance de cette chorde, à raison de la crainte du vuide, il faut peser la longueur d'vn cylindre d'eau de dix-huict brasses, qui soit de mesme grosseur que

ladite chorde : & ayant trouué que le leton est, par exemple, neuf fois plus pesant
que l'eau, il s'ensuiura que la resistance
de la chorde dépendant du vuide, respond à la pesanteur de deux brasses de ladite chorde; ce qu'il faut semblablement
conclure de tous les autres cylindres, de
quelque grosseur ou matiere qu'ils puissent estre.

Mais quant à la resistance qui vient de
la colle, qu'est-ce que se peut estre, puis
que la fusion de l'or & des autres metaux,
ou du verre, ne fait point perdre cette
colle : car ils la reprennent aussi-tost
qu'ils sont refroidis ; ioint qu'il faudroit
vne nouuelle colle pour attacher cette
colle au verre, ou à la matiere des cylindres.

Cette difficulté le fait resoudre à croi-
re qu'il n'y a que la seule crainte du vuide, qui soit cause de la resistance des cylindres de metal : ce qu'il prouue par l'a-
ctiuité du feu, qui fait fondre l'or, & les
autres metaux, en s'insinuant dans leurs
pores, qui sont si petits, que l'air, ny aucun
autre corps fluide n'y peut entrer : de
sorte qu'vne infinité de petits vuides

peut estre cause d'vne grande force, comme il arriue à plusieurs autres petites forces, qui iointes ensemble font de grands efforts, comme l'on experimente dans les armees, & dans les atomes ou petites parcelles, qui composent l'eau, & les vapeurs, qui accourcissent les gros chables en les grossissant, & leur font leuer d'estranges pesanteurs, par exemple, vn million de liures. D'où il conclud que des fourmis peuuét mener vn Nauire chargé de bled, pourueu qu'il y en ait autant comme il y a de grains.

EXPERIENCE.

IE veux icy adiouster la force qu'il faut pour rompre vne colomne, ou vn cylindre de leton long d'vn pied & demy, dont la base ait vn pied de diametre, supposé que sa resistance suiue celle de mon cylindre, dont la base a seulement la sixiesme partie d'vne ligne en son diametre : ie dy donc, que puis qu'il faut dix-huict liures pour rompre ce cylindre, le gros portera 13436928. liures, auant que de rompre : car leur

force doit eftre comme leurs bafes,
lefquelles font en raifon doublee de leurs
diametres. Or le diametre de la bafe du
moindre cylindre eft à celuy de la bafe
du plus grãd, comme 1. à 864. donc leurs
bafes font de 1. à 746496. de forte qu'il
faut multiplier cette bafe par dix-huiɛt,
puifque la force ou refiftãce du petit cylindre, eft de dix-huiɛt liures, & l'on aura
13436928. liures, pour rompre le plus
gros cylindre : lequel rompra par fon
propre poids, lors qu'il fera fi long qu'il
pefera lefdites liures : ce qui arriuera à
peu prés, lors qu'il aura trois mil trois
cens cinquante huiɛt toifes de long. L'on
trouuera dans la feptiefme propofition
du troifiefme Liure Latin de la Mufique,
combien refiftent les cylindres d'or, d'argent, & d'acier, auant que de fe rompre.
Mais parce qu'il veut expliquer comme
quoy il fe peut rencontrer vne infinité de
petits vuides dans vne eftenduë finie, il
faut commencer vn nouuel Article.

ARTICLE

ARTICLE III.

Expliquer comment le moindre Cercle concentrique fait autant de chemin que le plus grand, lors qu'ils tournent enfemble fur des plans differents.

GALILEE donne vne nouuelle folu-tion de la vingt-quatriefme que-ftion des Mechaniques d'Ariftote, apres tout ce que les autres Geometres ont dit ce qu'ils ont peu fur ce fujet, & pretend de demonftrer que le petit cercle concen-trique porté par le plus grand, laiffe vne infinité de poincts vuides fur fon plan, lefquels il ne touche point, & femblable-ment qu'il en touche vne infinité : de forte qu'il fait deux infinitez d'indiuifi-bles, dont l'vne eft touchee, & l'autre eft laiffee; d'où il concluo que le petit cer-cle laiffe vne infinité de poincts vuides; au lieu que le grand les remplit tous par fon mouuement. Il prouue ces vuides in-diuifibles par les petits poligones con-centriques aux grands, qui touchent

B

leur plan tout entier & par tout, au lieu
que les petits, qui sont portez par les
grands, ne touchent pas leur plan en tous
les endroits, dont ils sautent autant d'espaces sans les toucher, comme ils en touchent : de sorte qu'il y a autant de vuide
que de plain. Par exemple, l'exagone
laisse six espaces vuides, & en remplit six,
& si le polygone à vn million de costez, il
sautera autant d'espaces qui demeure-
ront vuides : & parce que le cercle a vne
infinité de costez, il laissera vne infinité
de vuides, dont chacun sera vn poinct.
Car il nie qu'aucun poinct de la circonference du petit cercle traine sur son
plan, parce qu'il s'ensuiuroit de là que la
ligne esgale au plan, estant composee
d'vne infinité de trainemens, dont chacun auroit vne certaine longueur, seroit
infinie. Ioint que chaque poinct du grád
cercle ne touchant son plan qu'en vn
poinct, il est impossible que chaque
poinct du petit cercle touche le sien en
plus d'vn poinct.

Il faut remarquer que le raisonnement
d'Aristote demeure encore touchant les
deux cercles, à sçauoir que le mouue-

ment du moindre porté par le plus grand
est tellement trainé sur son plan, que chacun de ses poincts touche plusieurs parties : car de mesme qu'il admet vne infinité de poincts, l'on peut aussi admettre
vne infinité de parties : ioint que le centre qui trace aussi son plan, est perpetuel-
lement trainé.

Par ce moyen il explique comme vne
ligne, & mesme vne surface, ou vn solide
peuuent s'estendre quasi à l'infiny, sans
laisser aucun espace vuide, par le moyen
des seuls poincts, dont les vns demeure-
ront vuides, & les autres seront remplis,
comme il arriue à l'or dont les fueilles s'e-
stendent si prodigieusement sur les fils
d'argent & de cuiure, que l'on dore : &
pour ce suiect il suppose que les corps
soient composez d'atomes comme la ligne de poincts.

Le cercle tant des poligones que des
cercles est encore bien considerable, en
ce qu'il descrit par vne seule conuersion vne ligne parallele & égale aux
plans du grād & du petit cercle ou polygone : d'où il arriue qu'il semble que le
poinct est égal à la circonference, ce qu'il

B ij

essaye de persuader dans l'Article qui
suit.

ARTICLE IV.

Que le raisonnement Geometrique contraint
d'auoüer que le centre est esgal à la circon-
ference.

GALILEE se sert d'vne demonstration, qui ne se peut entendre sans figures, dont vse aussi Lucas Valerius dans
la douziesme proposition du deuxiesme
Liure des centres de grauité, dans laquelle il demonstre, que l'*Hemisphere est*
double du cone, & sous sesquialtere du cylin-
dre, qui ont mesme base & mesme hauteur que
luy. Or l'Hemisphere estant imaginé, descrit & compris dans le cylindre, & semblablement le cone dans le cylindre, &
puis ledit Hemisphere estant osté, & le
corps qui demeure semblable à vn plat,
ou à vne escuelle : il se demonstre premierement que ladite escuelle est esgale au cone ; en second lieu, qu'vn plan
àyant coupé parallelemét à la base du cy-

lindre tant l'escuelle que le cone, la partie du cone qui reste, est tousiours esgale à ce qui reste de l'escuelle en quelque
lieu que se fasse la section ; & finalement
que la base du cone coupé est tousiours
esgale au bord circulaire de l'escuelle. Or
la merueille de ces sections poursuiuies
iusques au sommet du cone, & au dernier
bord de l'escuelle, qui finit en s'amenui-
sant iusques à n'auoir plus nulle épais-
seur, consiste en ce que la derniere section finissant à la ligne circulaire, qui
termine le sommet de l'escuelle, & au
sommet du cone, qui finit par vn poinct :
il s'ensuit par la perpetuité de la raison
d'esgalité entre le reste de l'escuelle & du
cone, que le poinct du cone est esgal au
bord circulaire de l'escuelle : car puisque
l'on a trouué vne perpetuelle esgalité
iusques à la derniere section, pourquoy
dira-on que le dernier residu du corps est
infiniment moindre que le dernier residu
de l'escuelle : de sorte que le poinct du
cone estant aussi sa derniere base, il est
pour deux raisons esgal au cercle, qui
fait le bord de l'escuelle ; & partant le
poinct est esgal au plus grand cercle du

B iiij

monde : & par confequent l'on peut dire
que tous les cercles font efgaux entr'eux,
puifque chacun eft efgal à vn poinct : car
bien que l'imagination fe trouue acca-
blee fous cette idee, neantmoins la raifon s'en laiffe perfuader.

Ie connois d'autres excellens perfon-
nages, qui concluent la mefme chofe par
d'autres manieres ; mais tous font con-
traints d'auoüer que l'indiuifible & l'infiny engloutiffent tellement l'efprit hu-
main, qu'il ne fçait quafi plus à quoy fe
refoudre lors qu'il les contemple : car il
s'enfuit de la fpéculation de Galilee, que
la ligne eft compofee d'indiuifibles, ce
qui le contraint de dire que nul nombre
finy de poincts, ne peut faire aucune ligne quantitatiue, mais qu'il en faut vn
nombre infiny : d'où il s'enfuit que toutes les lignes font efgales, ou pluftoft
qu'en les confiderant toutes compo-
fees d'vne infinité de poincts, il n'y a
ny égal, ny plus ou moins grand dans
l'infiny ; quoy que d'autres vueillent
qu'il y ait mefme raifon entre les infinis qu'entre les finis : de forte qu'vn
infiny peut eftre double, triple, & qua-

druple d'vn autre finy, &c.

Or pour guerir ou pour aider l'imagination, il vſe des nombres qui ſont infinis, dont la pluſpart ne ſont ny quarrez, ny cubes : car dans le nombre de cent il n'y a que dix quarrez, en dix mille il n'y a que la centieſme partie de quarrez; & dans vn million il n'y en a que la millieſme : de ſorte que le nombre des quarrez diminuë touſiours, à proportion que les nombres croiſſent dauantage : & neantmoins chaque nombre ou racine a ſon quarré auſſi bien que ſon cube : & partant le nombre des quarrez & des cubes eſt auſſi bien infiny, que celuy des racines : de ſorte que *l'eſgal, le plus grand, &c.* ſont ſeulement des proprietez de la quantité finie.

Il s'enſuit encore que dans la comparaiſon du finy à l'infiny, l'on ne peut admettre leſdites proprietez; & que puiſque chaque ligne eſt touſiours diuiſible iuſques à l'infiny, elle eſt compoſee de poincts, & non de parties, autrement elle auroit vne eſtenduë infinie : car le recours qu'on a aux parties actuelles, & à celles qui ſont en puiſſance, n'eſt qu'vn

ſubterfuge : & pour ce qui eſt des parties
de la ligne, qui ont de l'eſtenduë, l'on
peut dire qu'elles ne ſont pas finies, &
qu'elles ne ſont pas ſemblablement infi-
nies, mais qu'il y en a tant qu'on en veut
prendre.

Il a vne autre penſee fort ſubtile, à ſçauoir que l'on s'eſloigne d'autant plus de
l'infiny, que l'on s'auance plus auant dãs
les nombres ; parce que plus on va en
auant vers les millions, les cent millions,
&c. & moins on trouue de nombres quarez & de cubes, comme nous auons deſ-
ja monſtré : de ſorte que pour en trouuer vn nombre infiny, il ne faut pas monter vers l'infinité des nombres , mais il
faut deſcendre vers l'vnité, laquelle contient autant de racines, que de quarez, de
cubes, & de toutes autres ſortes de nombres : car elle contient toute ſorte de
nombres, ſoit quarez quarez, ſoit quarez
cubes, & ainſi des autres iuſques à l'infiny : d'où il arriue qu'elle a toutes leurs
proprietez : par exemple, la proprieté de
deux quarez eſt d'auoir entr'eux vn nombre moyen proportionnel ; or trois eſt le
moyen proportionnel entre vn & neuf,

comme eſt deux entre vn & quatre. De
meſme il y a deux nombres moyens proportionnels entre deux cubes, côme ſont
douze & dix-huict entre huict & vingt-
ſept, & entre vn & huict l'on a deux &
quatre : de ſorte qu'il n'y a que la ſeule
vnité qui ſoit infinie entre les nombres,
& que ce qu'on s'imagine eſtre comme le
zero, ou le rien, eſt le tout & l'infiny.
L'on peut apporter pluſieurs autres con-
ſiderations de l'infinité : par exemple,
qu'il y a vne diſtance infinie d'vn à deux,
puis qu'il y a vne infinité de nombres
rompus entré vn & deux, qui ſont touſiours plus grands qu'vn, & moindres que
deux.

Il monſtre en ſuitte à deſcrire vne infinité de cercles, dont le plus grand doit
conuenir auec vne ligne droicte ; d'où il
conclud qu'il ne peut y auoir ny cercle,
ny ſphere, ny aucun corps infiny : & s'i-
magine qu'vn corps eſtant rompu, & bri-
ſé, ou diuiſé en toutes ſes parties, c'eſt à
dire en tous ſes atomes, il deuient liqui-
de, comme l'eau & le verre fondu : ce qui
arriue auſſi à l'or & aux autres metaux,
qui coulent apres eſtre fondus. D'où l'on

conclud que les pierres ou les autres corps, que l'on croit eftre reduits en poudre inpalpable , ne font pas encore diuifez en toutes leurs parties , & que chaque grain de leur poudre a encore de la quantité, & eft diuifible, puifque cette poudre fe tient en monceau fans s'efpandre, au lieu qu'elle couleroit comme l'eau, fi elle eftoit indiuifible. Et partant l'or, l'argent, & les autres metaux ne font pas encore diuifez en toutes leurs parties, par le moyen des eaux fortes & regales, puis qu'ils ne coulent pas comme l'eau, iufques à ce que les petits atomes du feu, ayent diffout toutes leurs parties : ce qui fe fait auffi auec les rayons du Soleil, dont nous allons parler.

ARTICLE V.

Le moyen de cognoiftre fi la lumiere s'eftend dans vn moment, ou fi elle y employe du temps.

AYANT parlé des miroirs bruflans, qui fondent le plomb quafi dans

vn moment, & du traicté qu'a fait le Pere
Bouauenture Caualieri des miroirs para-
boliques, pour effayer à reftablir ce que
l'on dit de ceux d'Archimede, il confidere la vifteffe des effects du foudre, de
la poudre à canon dans les mines, & de la
lumiere, dont on peut fçauoir fi la com-
munication fe fait en vn moment, ou fi
elle a befoin de temps, pourueu que deux
perfonnes eftants efloignees d'vne ou de
deux lieuës , ayent chacun vn flambeau dans vne lanterne fourde: car fi l'vn
fermant la fienne, ou l'ouurant void à
mefme moment que l'autre ouure & ferme la fienne, fuiuant qu'ils s'apperceurôt
mutuellement; c'eft figne que la lumiere
s'efteint en vn inftant, autrement il luy
faut du temps; mais afin que cette corre-
fpondance foit bien iufte, ils fe doiuent
accouftumer à faire le mefme effay de
fept ou huict toifes, de cent , de deux
cens, &c. Et finalement l'on pourra faire
l'effay de cinq ou fix lieues par le moyen
des lunettes de longue-veuë. L'on pourroit peut-eftre vfer encore plus auanta-
geufement de differens miroirs : car vne
mefme perfonne prefentant vn flambeau

deuant vn miroir, pourroit voir si la refle-
xion se feroit en mesme temps en des
miroirs differents. Or il semble que la
splendeur des esclairs qui paroissent plustost vers la nuë, que sur la terre, ait per-
suadé à Galilee que la lumiere employe
vn peu de temps à s'estendre dans sa sphere d'actiuité. Mais cette action se faict si
soudainement, que l'œil n'est pas capable d'en iuger,& l'excellent Autheur qui
nous fait imaginer l'estenduë de la lumiere par l'exemple d'vn baston, lequél
ébranle ce qu'il touche, au mesme moment qu'il est poussé, nous oste les difficultez de l'estenduë, ou du mouuement
instant aneé de la lumiere : de sorte qu'il
ne faut que lire sa Dioptrique pour se
desabuser de plusieurs imaginations, qui
font plus de tort aux sciences qu'elles ne
les aident ; & si l'on a la moindre difficulté du monde à comprendre ce qu'il enseigne de la lumiere, qui se fait par vn
mouuement droict, & des couleurs par
vn mouuement circulaire, il donnera sa-
tisfaction à ceux qui l'en prieront. Car il
n'y a point de doute qu'il n'a pas pris la
peine de reduire ces matieres & plusieurs

autres, fous les loix de la Geometrie,
qu'il ne foit preft d''en expliquer les difficultez aux honneftes gens, qui s'en
voudront inftruire. Or ie reuiens aux
penfees de Galilee.

ARTICLE VI.

Le moyen de diuifer telle ligne qu'on voudra,
en tant de parties que l'on defirera, &
mefme en vne infinité de parties.

AYANT pris telle ligne droicte
qu'on voudra, il s'imagine qu'on en
faffe vn quarré, vn hexagone, ou tel autre polygone que ce foit, par exemple, de
cent mille coftez : il eft certain que la ligne fera diuifee en autant de parties, &
que fi l'on fait roûler lefdits polygones
fur quelqu'autre ligne, ils la diuiferont
en autant de parties comme ils ont de
coftez : & parce que le cercle eft vn Polygone de coftez infinis, lors qu'il roule fur
vne ligne, ou qu'il s'y applique, il la diuife en vne infinité de parties : de forte que
l'on ne peut ployer vne ligne droicte en

rond fans la diuifer en toutes fes parties.

Or il s'imagine pouuoir franchir plufieurs difficultez par l'infinité de ces in-
diuifibles, qu'on ne peut refoudre autrement ; par exemple, la rarefaction & la
condenfation, dont nous parlerons en
l'Article qui fuit : neantmoins les plus
habiles ne reconnoiffent nuls poincts di-
ftincts des parties de la ligne, & ne s'amu-
fent pas à mille petites fubtilitez qui ne
feruent à rien.

ARTICLE VII.

Explication de la rarefaction & de la conden-
fation par le moyen du cercle.

IL fe fert encore des deux polygones &
cercles concentriques, dont i'ay parlé
dans le troifiefme Article ; pour expliquer la rarefaction & la condenfation,
par laquelle il commence & dit, que lors
que le moindre cercle roule tellement
fur fon plan, qu'il fait vne ligne efgale à
fa circonference, à chaque tour qu'il fait,
le grand en fait vne moindre que fa cir-

conference : c'eſt à dire, vne eſgale à la
circonference du moindre : de ſorte que
le grand ſe meut, partie en auançant, &
partie en reculant en arriere, à chaque
moment qu'il ſe meut, en touchant, ce
ſemble, pluſieurs fois vn meſme poinct
de ſon plan, comme s'il vouloit entaſſer
pluſieurs parties de ſa circonference dans
vn meſme poinct : ce qui exprime la con-
denſatió, ſans qu'il ſoit beſoin de la penetration des corps. Au contraire, le moindre cercle eſtant meu par le plus grand,
deſcrit vne ligne plus grande que ſa circonference, parce qu'il laiſſe autant de
poincts vuides que de plains, & neantmoins il n'y a point de vuide, qui ait aucune quantité, de ſorte que la rarefaction eſt expliquee ſans admettre du vuide quantitatif. Certes il eſt difficile de
ſatisfaire à l'imagination, lors qu'il eſt
queſtion d'expliquer la rarefaction & la
condenſation ; car ſi le moindre cercle
ſaute touſiours vn poinct de ſa ligne ſans
la toucher, il s'enſuit qu'elle n'eſt pas
continuë, & partant qu'elle n'eſt pas ligne. Peut-eſtre que celuy qui l'explique
par la plus grande viſteſſe du mouue-

ment des petits corps qui fe meuuent
toufiours, a mieux reüffi : de forte que la
viftefle fouueraine donne la plus grande
rarefaction, comme la tardiueté fouueraine donne la fouueraine condenfation.
Quoy qu'il en foit, il explique la rarefaction par les fueilles d'or, lefquelles eftât
fi minces, qu'elles volent en l'air, ne laif-
fent pas de couurir des cylindres d'or
d'vne eftrange longueur : car les dix fueilles qu'on met fur vn cylindre d'argent
long de trois ou quatre pieds, & gros de
deux ou trois poulces, couurent tout le
cylindre d'argent, quoy que fa furface
croifle merueilleufement, lors qu'on le
tire tant de fois par la filiere, qu'il deuient auffi delié qu'vn cheueu; mais pour
connoiftre combien la furface dorée eft
plus grande dans ce cylindre reduit à
vne longueur fi prodigieufe, il donne la
maniere de treuuer la grandeur de cette
furface, comme l'on void dans l'Article
fuiuant. Or l'efpace compris par la ligne
que fait le cercle dans l'air, en roulant,&
par le plan efgal à fa circonference, fur
lequel il roule vn tour entier, eft triple
dudit cercle; dont ie donneray la demon-
ftration

ſtration qui m'a eſté enuoyée par vn excellent Geometre, à ceux qui la deſire-
ront.

ARTICLE VIII.

*De la proportion des ſurfaces des cylindres de
differente hauteur.*

I. PROPOSITION.

LEs ſurfaces des cylin-
dres égaux, ſans com-
prendre leurs baſes, ſont
entre-elles en proportion
ſous-double de leurs lon-
gueurs, ce qu'il demon-
ſtre ainſi : Soient deux cylindres eſgaux, dont les
hauteurs ſoiét AB, & CD,
& que la ligne E, ſoit
moyenne proportionnelle entre ces deux
hauteurs : ie dis que la ſurface du cylindre AB, ſans y comprendre ſa baſe, eſt à la
ſurface du cylindre CD, la baſe oſtee,
comme la ligne AB, à la ligne E, qui di-

C

uise la raison d'A B, à C D., en deux raisons esgales : c'est pourquoy la raison de
A B à E, est sous doublee de la raison de
A B, à C D. Soit coupé le cylindre A B, au
poinct F, & que la hauteur F A, soit egale
à C D. Et parce que les bases des cylindres égaux sont en raison permutee de
leurs hauteurs, le cercle qui sert de base
au cylindre C D, sera au cercle, qui sert de
base au cylindre A B, comme la hauteur
B A, à D C : & parce que les cercles sont
enrre-eux comme les quarrez de leurs
diametres : lesdits quarrez seront en mesme raison que B A, à C D. Or comme B
A à C D, ainsi le quarré B A, au quarré de
E : de sorte que l'on a quatre quarrez
proportionnels ; & partant leurs costez
seront encore proportionels. Et comme
la ligne A B à E, ainsi le diametre du cercle C, au diametre du cercle A, mais les
circoferences sont côme les diametres, &
comme les circonferences, ainsi les surfaces des cylindres d'esgale hauteur :
donc, comme la ligne A B à E, ainsi la
surface du cylindre C D, à celle du cylindre A F. Donc, puisque la hauteur A
F, est à A B, comme la surface A F, à celle

de A B, & comme la hauteur A B à la ligne E, ainsi la surface C D, à celle de A
F, sera, en renuersant, comme la hauteur
A F à E, ainsi la surface C D, à celle de
A B, &, par conuersion, comme la surface
du cylindre A B, à celle du cylindre C D,
ainsi la ligne E à A F, c'est à dire à C D, ou
A B à E, qui est en raison sous double, de A B, à C D, ce qu'il falloit prouuer.

Or ie veux expliquer cecy par exemples, afin que chacun l'entende mieux,
si vn cylindre auoit neuf pieds de longueur & l'autre quatre, & qu'ils fussent
esgaux, la surface du premier estant de
neuf pieds, ou neuf autres mesures telles qu'on voudra, la surface du deuxiesme sera de six pieds, parce que
la raison de neuf à six est sous-dou-
ble de la raison de neuf à quatre : de sorte que pour auoir la proportion des surfaces de toutes sortes de cylindres esgaux, quelques differences de hauteurs
qu'ils puissent auoir, il faut seulement
trouuer vne ligne proportionnelle entre
la ligne qui donne la hauteur du premier,
& celle qui donne la hauteur du second,

comme eft la ligne de fix pieds entre celle de neuf & quatre : car ladite moyenne proportionnelle donnera toufiours la moindre furface.

Mais l'on doit remarquer vn autre rapport entre les bafes des cylindres égaux, & leurs hauteurs, qui confifte en ce qu'elles ont le mefme rapport entr'elles, pris à rebours, que la mefme hauteur ; par exemple, les deux precedentes hauteurs eftant de neuf à quatre, comme le plus haut furpaffe le plus bas de cinq parties fur quatre ; de mefme la bafe du plus haut eft furmontee par la bafe du moins haut, de cinq parties fur quatre. D'où il eft aifé de conclure combien le fil d'or de la groffeur d'vn cheueu, tiré par la filiere, a plus de furface, que lors qu'il eft en forme d'vn cylindre de la hauteur d'vne braffe, & de la groffeur de deux ou trois doigts : par exemple, fi le fil eftant tiré fe treuue de vingt mille braffes, au lieu de fon cylindre de demie braffe de long, fa furface fera deux cens fois plus grande que deuant : de forte que le cylindre eftant doré de dix fueilles d'or l'vne fur l'autre, il fe treuue qu'il ne refte pas la vingtiefme partie de l'efpaiffeur d'vne fueille d'or pour dorer le fil tiré comme i'ay dit : ce qui ne fe peut faire fans vne eftrange eftenduë des parties de l'or, qui monftre auffi bien qne la compofition des corps eft faite d'indiuifibles, comme ce qui a efté dit des cercles.

EXPERIENCE.

I'Ay experimenté chez les tireurs de fil d'or & d'argent, qu'vne liure d'argent fe tire quafi trois mille deux cens toifés de long, pour faire du fil au petit meftier, & par confequent que la barre ou le cylindre de huict liures dont on vfe ordinairement, (qui a trois pieds de hauteur ou enuiró, & vn pouce pour le diametre de fa bafe) peut eftre tiré & reduit en vn fil de vingt-cinq mille fix cens toifes de long : & partant la furface de ce fil fi delié contient vn peu plus de deux cens vingt-fix fois la furface du cylindre de trois pieds de haut : car deux cens vingt fix eft vn peu moindre que le milieu proportionnel entre 3. & 51200. c'eft à dire, entre la hauteur defdits cylindres : par

C iij

où l'on doit conclure, que ſi la baſe du
cylindre de trois pieds a vn poulce, celle
du cylindre ou fil de 25600. pieds de lõg
n'a que 25600. de poulce : de ſorte qu'il
faudroit plus de vingt-cinq mille baſes
de ce fil pour remplir l'eſpace d'vn pouce.
L'on peut tirer mille autres concluſions
de ce principe, par exemple, que ſi l'on
veut faire vn cylindre ou baſton, deux
fois auſſi long qu'vn autre de meſme matiere, la ſurface du plus long ſera à celle
du plus court, comme la diagonale du
quarré à ſon coſté : ſi on le fait quatre ou
huict fois plus long, la ſurface du plus
long ſera deux ou quatre fois plus grande, &c. Or apres la ſpeculation des cylindres eſgaux, qui ont leurs ſurfaces ineſ-
galés, voyez comme il trouue la proportion que gardent les cylindres de differentes hauteurs, dont les ſurfaces ſont eſgales.

II. PROPOSITION.

Les cylindres droicts, dont les surfaces sont esgales, ont mesme raison entr'eux, prise à rebours, que leurs hauteurs: où il faut tousiours supposer, que leurs bases ne sont point icy considerees.

CETTE proposition sera aisée à entendre par les figures des deux mesmes cyliudres: dont le plus haut soit FB, & le moins haut CD, dont ie suppose que les surfaces sont esgales; ie dis que le cylindre CD, est au cylindre FB, comme la hauteur FB, à la hauteur CD. Donc puisque la surface FB, est esgale à la surface C D, le cylindre FB, sera moindre que le cylindre CD, car s'il estoit égal ou plus grand, sa surface seroit plus grande, comme il s'ensuit de la proposition precedente.

C iiij

Pofons maintenant, que le cylindre
A F B, foit égale au cylindre C D, donc
la furface du cylindre A B, fera à celle
du cylindre C D, comme la hauteur A B,
à la moyenne proportionnelle entre A B,
& C D. Or la furface C D, eft efgale à
celle de F B, & la furface A B, à mefme proportion à celle de F B, que la
hauteur A B, à la hauteur F B, donc F B,
eft moyenne proportionelle entre A B, &
C D.

De plus, le cylindre A B, eftant efgal
au cylindre C D, ils ont tous deux mefme proportion auec le cylindre F B.
Or A B, à F B, eft comme la hauteur A B, à
la hauteur F B, dont le cylindre C D, a
mefme proportion au cylindre F B, que
la ligne A B, à la ligne F B, ou que la ligne
F B, à la ligne C D.

D'où l'on tire beaucoup de corollaires,
qui vont contre le fens commun : par
exemple, que d'vn mefme morceau de
toile l'on peut faire deux facs, dont l'vn
contiendra beaucoup plus que l'autre :
ce que l'on entendra tres-aifément, fi
'on fuppofe qu'vn pied cube de bled
contienne vn boiffeau, & que les facs

soient quarrez, au lieu d'estre ronds, comme ils sont pour l'ordinaire, car l'vn reuient à l'autre. Ie dis donc que si le sac a quatre pieds quarrez pour sa base, ou son fond, & quatre pieds pour sa hauteur, sa surface sera égale au sac, dont la base ou le fond sera d'vn pied quarré, & sa hauteur de huict pieds, $\frac{1}{4}$ & ou neuf pouces : & par consequent, que chaque sac peut estre fait de la mesme piece de toille. Or il est éuident que le premier sac contient seize boisseaux de bled, puisque les prismes, ou parallelepipedes se mesurent, aussi bien que les cylindres, en multipliant leurs bases par leurs hauteurs ; la hauteur du premier sac a 4. pieds, & son fond quatre pieds : donc il contient seize pieds cubes, & n'a que trente-six pieds en sa surface, à sçauoir quatre pour sa base, & seize pour chacun de ses costez ; la hauteur du second sac a huict pieds, $\frac{3}{4}$ lesquels multipliez par son fond d'vn pied, donne seulement 8. $\frac{3}{4}$ boisseaux de bled, quoy que la surface ait aussi trente-six pieds de toille : car ses quatre costez ayant chacun huict pieds & $\frac{3}{4}$ ils font trente-cinq pieds, lesquels estans ajouſtez au pied, qui fait le fond, l'on a trente-ſix pieds.

Ie laiſſe mille autres exemples que l'on peut former ſur le precedent, afin d'aduertir que la meſme choſe arriue aux murailles des villes, qui contiennent ſouuent vn plus grand eſpace, encore qu'elles n'ayent pas vn ſi grand circuit : par exemple, ſi la muraille d'vne ville quarree en tout ſens, auoit l'vn de ſes quatre coſtez de cent toiſes, ſon tour ne ſeroit que de quatre cens toiſes, & neantmoins elle contiendroit dix mille toiſes. Or la ville qui auroit ſa muraille eſgale en circuit, de ſorte qu'elle euſt la figure d'vn rectangle, dont les deux moindres coſtez n'euſſent que dix toiſes chacun, & les deux plus grands chacun 190. toiſes, ne contiendroit que 1900. toiſes d'eſpace, & pour contenir dix mille toiſes, ſes petits coſtez demeurans de dix toiſes chacun, il faudroit que chaque autre coſté euſt 4995. toiſes de long.

Galilee donne l'exemple de douze braſſes pour la hauteur d'vn ſac, & de ſix pour ſa baſe, & dit qu'il contienr deux fois dauantage, lors que l'on met les douze braſ-

fes pour le fond ou la groſſeur du ſac, &
ſix braſſes pour ſa hauteur.

ARTICLE IX.

Que le cercle eſt moyen proportionnel entre
ſon polygone circonſcrit, & le polygone ſem-
blable qui luy eſt iſoperimetre.

L'On auoit deſia demonſtré que la
moyenne proportionnelle entre le
coſté du quarré circonſcrit, & le quart de
la circonference, eſt le coſté du quarré
eſgal au cercle : que le quarré de la
moyenne proportionnelle entre le rayon
& la demie circonference, luy eſt auſſi eſgal ; que le quarré du diametre, eſt au
cercle, comme le diametre à la quatrieſme partie de la circonference : que tout
polygone inſcrit au cercle, a meſme raiſon au cercle qu'à la quatrieſme partie
du circuit de ſon polygone inferieur, lequel a la moitié moins de coſtez, & d'angles, à la quatrieſme partie de la circonference du meſme cercle : que le quarré
du diamettre a meſme proportion au cer-

cle, que fon circuit à la circonference;
que le circuit d'vn triangle equilateral
infcrit, a mefme proportion à la circonference de fon cercle, qu'a le double du
contenu du triangle au contenu dudit
cercle : que le circuit de tout polygone
a mefme raifon à la circonference du cercle, qu'a le contenu de fon fuperieur au
contenu du cercle : par exemple, le circuit du triangle eft à la circonference,
comme l'exagone au cercle : que deux
diametres ont mefme proportion à la circonference que le quarré infcrit au cercle, & plufieurs autres chofes, qui enfei-
gnent de nouuelles proprietez du cercle :
mais il ne me fouuient point d'auoir leu
autre part, que dans Galilee, que le cercle foit moyen proportionnel entre deux
polygones femblables, tels qu'on voudra, don l'vn luy foit circonfcrit, & l'autre luy foit ifoperimettre : ou que le polygone circonfcrit eft au cercle, comme le
circuit dudit polygone eft à la circonfe-
rêce du cercle, ou bien au circuit du polygone qui luy eft ifoperimetre, ce qui reuient à vne mefme chofe : car comme le
cercle eft égal au triâgle reĉtâgle, dõt l'vn

des coftez eft le rayon, & l'autre la circonference, ainfi le triangle rectangle fait
par le mefme rayon, & par le circuit du
polygone, eft égal audit polygone : or le
polygone circonfcrit eft à l'ifoperimetre
fufdit en raifon doublee de la raifon de
leurs circonferences, & par confequent
le cercle eft le moyen proportionnel entre ces deux polygones.

Il demonftre en fuitte que les polygones circonfcrits font d'autant plus grãds
qu'ils ont moins de coftez (comme les
infcrits au contraire font d'autant plus
grands, qu'ils ont plus de coftez) d'où il
s'enfuit que le polygone ifoperimetre au
cercle eft d'autant plus grand qu'il a plus
de coftez : de forte que le cercle a toufiours vne proportion d'autant plus grande auec le polygone circonfcrit, & l'ifoperimetre, qu'ils ont moins de coftez. Or
le triangle eft celuy qui a le moindre
nombre de coftez : mais l'on ne peut
donner l'ifoperimetre qui a le plus de
coftez : car entre le cercle & tel polygone qu'on voudra : par exemple, entre celuy de cent millions de coftez,
& ledit cercle, il y en a encore vne infi-

nité, dont chacun est moindre que le cercle.

ARTICLE X.

Que les raisons, dont vse Aristote pour prou-
uer le vuide, ne sont pas bonnes: où il est
encore parlé de la rarefaction & de la con-
densation.

GALILEE se remet encore à conside-
rer la rarefaction & la condensation,
pour parler après du vuide, & dit que si ce
sont deux mouuements opposez, la condensation doit tousiours estre grande
comme la rarefaction, & au contraire : la
poudre à canon nous monstre la vistesse
de la rarefaction, lors qu'elle s'estend
dans vn espace si grand tout enflammé,
dont la lumiere remplit vn espace im-
mense, aussi bien que celuy de l'esclair.
Or si cette lumiere & ce feu se conden-
soient dans vn fort petit lieu, il se feroit
vne estrange condensation ; mais nous
ne voyons point que la fumee & la flam-
me, qui sortent du bois, se recondensent,

& fe reüniffent pour faire du bois, non
plus que les odeurs qui monftrent la rarefaction des fleurs & autres fenteurs, ne
fe ramaffent point pour refaire vne fleur:
& neantmoins la raifon nous apprend
que cette condenfation fe peut faire. Or
apres auoir auoüé que la penetration
n'eft pas poffible par les forces de la nature, fuiuant la Philofophie d'Ariftote, il
examine fes raifons touchant le vuide;
lefquelles font fondees fur deux fuppofi-
tions, dont la premiere eft, que de deux
corps pefans de differente pefanteur, celuy qui eft le plus pefant defcend dautant plus vifte par vn mefme milieu, comme eft l'air, qu'il eft plus pefant : de forte
que s'il pefe dix fois dauantage, il doit
defcendre dix fois plus vifte: & la feconde eft, que lors que les milieux font differens, comme eft l'air & l'eau, les corps
qui defcendent dans l'vn & l'autre, gardent entr'eux la proportion contraire de
l'efpaiffeur, & de la groffiereté des milieux : de forte que fi l'eau eft dix fois
plus groffiere que l'air, le corps pefant
defcendra dans l'air dix fois plus vifte
que celuy qui defcendra dans l'eau. D'où

Aristote conclud qu'il ne peut se faire de mouuement dans le vuide, à cause que la subtilité du vuide surpasse infiniment celle de tel milieu qu'on voudra, tant subtil qu'il puisse estre : de maniere qu'il seroit necessaire que le mouuement se fist dans vn instant, dans le vuide, puisqu'il augmente sa vistesse à proportion de la subtilité du milieu, dans lequel il descend, ce qui est impossible.

Galilee repond à ces deux raisons des Peripateticiens, premierement qu'ils ne prouuent pas absolument qu'il n'y a point de vuide, mais seulement à l'esgard du mouuement : en second lieu, qu'il n'est pas vray que de deux boules, quoy que d'esgal volume, celle qui pese dix fois dauantage, descende dix fois plus viste, car sur la cheute de cent ou deux cens brasses, l'on ne peut y apperceuoir vn demy pied de difference, lors qu'on laisse tomber deux boules, l'vne de plomb, & l'autre de pierre, quoy que celle de pierre pese quatre fois moins. Et neantmoins si la raison d'Aristote estoit vraye, lors qu'vne boule de bois dix fois plus legere que le plomb, auroit fait dix

brasses

braſſes en deſcendant, le plomb en auroit fait cent : Ioint que ſi l'on prend
deux boules de meſme matiere, par
exemple, de plomb, lors que l'vne peſe
cent fois plus que l'autre, la plus peſante
ne deſcendra pas ſur deux cens braſſes
de haut, plus viſte d'vn demy pied ; mais
il pourſuit cette matiere dans l'Article
qui ſuit.

ARTICLE XI.

*Pourquoy les corps plus peſants de meſme ma-
tiere, ne tombent pas plus viſte que les plus
legers, vers le centre de la terre.*

IL ſuppoſe premierement que chaque
corps deſcend d'vne viſteſſe determinee, vers le centre de la terre : laquelle ne
peut s'augmenter, ou ſe diminuer ſans
quelque violence ou empeſchement : de
maniere que ſi l'on joint vn autre corps,
dont la nature ſoit de deſcendre plus ou
moins viſte ; il haſtera ou retardera le
mouuement du premier poids, par lequel la cheute ſera ſemblablement ha-

D

ftee ou retardee: de forte que fi vne groffe pierre defcend, par exemple, auec dix
degrez de viftefle, & vne moindre pierre
feulement auec quatre degrez de vifteffe, fi on les ioint enfemble, elles fe mou-
ueront auec moins de huict degrez de
viftefle. Or ces deux pierres iointes enfemble font vne plus groffe pierre, que la
premiere, qui defcend auec dix degrez
de viftefle, donc la plus groffe pierre defcendra moins vifte que la plus petite, ce
qui eft contre la fuppofition; de forte que
de la pofition d'Ariftote, à fçauoir que le
plus grand fardeau fe meut plus vifte,
l'on conclud qu'il fe meut moins
vifte.

Or l'erreur confifte en ce qu'on fuppofe que la moindre pierre augmente la
pefanteur de la plus gráde, à l'égard de la
cheute, comme elle l'augmente dans les
balances, efquelles vn feul filet de laine
fait perdre l'equilibre, au lieu qu'en defcendant, le filet de laine n'augmente pas
la viftefle de la pierre, à laquelle il eft lié,
au contraire il retarderoit pluftoft fa defcente.

Et fi le poids ajoufté eft de mefme ma-

tiere, cõme lors qu'on ajoufte du plomb à
du plomb, ce nouueau corps ne hafte nullement le premier, femblable à vn pi-
quier qui tiendroit fa pique fur le corps
d'vn homme, qui fuit auffi vifte comme il
le pourfuit: ce qu'on pourroit dire d'vn
boulet de canon, qui ne pourroit bleffer
celuy contre qui on le tireroit, pourueu
qu'au mefme moment qu'il en feroit tou-
ché, il allaft auffi vifte que ledit boulet.

Or fi l'on met le plus grand poids fur le
moindre, fi le moindre fe meut plus lentement que le grand, il retardera fon
mouuement : de forte qu'en quelque
maniere qu'on prenne deux corps pefans, ils ne s'aident point l'vn l'autre pour
defcendre plus vifte, eftants tous deux
joints enfemble, que lors qu'ils font fe-
parez, car le plus gros defcendra tout
feul plus vifte, que s'il eftoit ioint au
moindre, qui defcend plus lentement.
L'Article qui fuit, monftre ce qu'il faut
tenir de la defcente des corps de differente matiere dans vn mefme milieu, ou
dans des milieux differents.

ARTICLE XII.

Pourquoy les corps pefans de differente matie-
re, & de differentes pefanteurs, ne gardent
pas la mefme proportion entre la viftefe
de leurs chentes , qu'entre leurs pefan-
teurs.

A PRES auoir monftré que du raifonnement d'Ariftote (qui dit que
les corps pefans doiuent defcendre plus
ou moins vifte dans des milieux differens, fuiuant la proportion defdits milieux) il s'enfuiuroit que le bois qui na-
ge fur l'eau, & qui remonte eftant enfon-
cé dedans, defcendroit dans l'eau d'vne
viftefe de deux degrez, lors que le mefme bois defcend d'vne viftefe de vingt
degrez dans l'air, il remarque que deux
corps peuuent auoir vne telle proportion
entre leurs pefanteurs, que l'vn defcendra vingt fois plus vifte que l'autre dans
l'eau, bien que dans l'air l'vn ne defcen-
de pas feulement d'vne centiefme partie
plus vifte que l'autre : par exemple, vn

œuf de marbre defcendra cent fois plus
vifte dans l'eau qu'vn œuf de poulle; &
neantmoins celuy de marbre ne le deuancera pas dans l'air de quatre doigts
fur vingt braffes de defcente. Et finalement l'œuf de poulle, qui employe trois
heures à defcendre deux biaffes d'eau,
les defcendra durant vn ou deux battemens de l'artere dans l'air : de forte que
Ariftote ne prouue rien contre le vuide;
& quand ces raifons feroient confide-
rables, elles ne feroient rien que contre les grands efpaces vuides, que nous
n'admettons pas, mais non contre les
petits vuides, meflez parmy tous les
corps.

Or auant que de donner la proportion
de la viteffe des corps qui defcendent,
foit dans l'air ou dans l'eau, il remarque
qu'il eft difficile d'ajufter tellement vne
boule de cire, qu'elle fe tienne en tel lieu
de l'eau qu'on voudra, comme font les
poiffons, qui par le moyen de leurs vef-
fies, (aufquelles il y a vn petit conduit attaché, qui va iufques à leur bouche) fe
mettent en equilibre auec l'eau, ou fe
rendent plus pefans, ce qui leur fert pour

D iij

ſe tenir en tel lieu de l'eau qu'ils veulent, ſoit touble, claire, douce, ou ſalee : ce qu'on peut imiter en mettant de l'eau ſalee dans vn vaſe, & de l'eau douce par deſſus , car la cire qui deſcendra dans l'eau douce , demeurera ſur l'eau ſalee.

Et meſme il remarque que la boule de cire ou d'autre matiere , peut tellement eſtre en equilibre auec l'eau douce, qu'elle deſcendra , ſi l'on verſe vne goutte d'eau chaude dedans, & qu'elle montera ſi l'on verſe vne goutte d'eau froide dans la chaude, ou bien vn ou deux grains de ſel : par où il veut prouuer que l'eau n'a point de difficulté à ceder & à ſe fendre, contre ceux qui diſent qu'elle a vne certaine viſcoſité, & reſiſtance. La boule qui ſera en equilibre auec l'eau, peut ſeruir aux Medecins, pour remarquer les eaux qui ſont plus peſantes ou plus legeres.

Les gouttes d'eau qui ſe trouuent gonflees en rond ſur les fueilles des herbes, ſemble prouuer que l'eau a quelque viſcoſité, qui l'empeſche de couler ; à quoy il reſpond , que cét empeſchement ne

vient pas des parties internes de l'eau,
mais d'vne certaine contrarieté & ini-
mitié que l'air a contre l'eau ; ce qu'il
preuue par ce que le vin qui est plus es-
pais que l'air, ne resiste pas à l'eau, puisque les deux goulets de deux bouteilles
pleines l'vne de vin & l'autre d'eau, estant
mis l'vn sur l'autre, si l'eau est dessus & le
vin dessous, le vin monte, & remplit la
bouteille d'enhaut, & l'eau descend &
remplit la bouteille d'enbas, l'vne de ces
liqueurs passant à trauers de l'autre : de
sorte que le vin, lequel est presque aussi
pesant que l'eau, fait place à l'eau, & entre dedans ; au lieu que l'air, qui est si leger à l'esgard de l'eau, ne peut monter
dans la bouteille pleine d'eau, encore que
son goulet soit renuersé ; de maniere que
l'eau aime mieux se tenir suspenduë,
que de descendre en la presence de
l'air.

Finalement apres auoir consideré les
grands empeschemens des differents milieux, dans lesquels les corps pesans descendent : par exemple, qu'il n'y a que le
seul or, qui descende dans le vif argent,
& que le plomb & les autres metaux na-

D iiij

gent dedans, & estant enfoncez reuien-
nent dessus, quoy que dans l'air ils descendent presque aussi viste que l'or, il
conclud que tous les corps descen-
droient aussi viste les vns que les autres,
s'ils n'estoient empeschez par aucun milieu ; comme il arriueroit s'ils descen-
doient dans le vuide, dans lequel la
moüelle de sureau descendroit aussi viste
que le plomb ; ce qu'il prouue dans l'Article qui suit.

ARTICLE XIII.

Que toutes sortes de corps pesans descen-
droient d'vne esgale vistesse dans le vui-
de.

PVisque l'experience enseigne que
de deux mobiles, dont l'vn est fort leger, comme est la moüelle de sureau, &
l'autre fort pesant, comme l'or, ou le
plomb, le plus leger descend presque
aussi viste les deux premiers pieds, comme fait le plus pesant ; & qu'incontinent
apres, le plus pesant precede de beau-

coup le plus leger ; de forte qu'au lieu
qu'il ne le precedoit, par exemple, que
de la dixiefme partie d'vne toife, à la
premiere toife de fa cheute, fur 12. toifes, il le precede de la troifiefme partie,
& fur cent, de neuf parties : il eft euident
que cét empefchement vient du feul milieu, lequel eft fi pefant, ou fi efpais, & fi
fort à l'efgard d'vn mobile tres-leger,
qu'il l'empefche incontinent de conti-
nuer fa viftefse, laquelle il augmenteroit
toufiours, puis qu'il a toufiours fa mefme pefanteur, qui augmenteroit toufiours la viftefse de fa cheute, comme il
l'augmente fort long-temps au plomb,
duquel la viftefse croift toufiours par degrez efgaux dans toutes les hauteurs,
dont nous pouuons faire l'experience;
mais enfin, lors que l'air ne peut plus ceder afsez vifte à la tres-grande viftefse
qu'il acquiert peu à peu : il fe tient dans
vn poinct d'efgalité, qu'il conferue toufiours par aprez: au lieu que dans le vuide, il augmenteroit toufiours fa viftefse
de mefme façon, en acquerant toufiours
deux degrez de viftefse à chaque moment.

Mais le corps leger, comme est vne vessie enflee, treuue incontinent tant de resistance dans l'air, qu'elle n'augmente plus sa vistesse : de sorte qu'elle receuroit vne grande commodité, si l'air estoit osté, au lieu que le plomb en receuroit fort peu de soulagement : d'où il concluait que toute sorte de corps, pour peu pesant qu'il fust, descendroit d'vne esgale vistesse dans le vuide ; faisant, par exemple, vne toise au premier moment, trois au deuxiesme, cinq au troisiesme, & ainsi des autres, suiuant les nombres impairs : cela posé, il explique le moyen de connoistre de combien chaque corps doit descendre plus ou moins viste dans l'air, comme l'on void dans l'Article qui suit.

ARTICLE XIV.

*Comme l'on peut connoiſtre de combien cha-
que corps doit deſcendre plus ou moins viſte l'vn que l'autre, ſoit dans l'air ou dans
l'eau.*

IL eſt certain que c'eſt la peſanteur, ou
la reſiſtance du milieu, qui nuit à la viteſſe de la cheute des corps qui deſcen-
dent, & que ledit milieu oſte autant de la
peſanteur du mobile, comme ledit milieu, de meſme volume que le mobile, eſt
peſant ; par exemple, ſi le plomb peſe dix
mille fois dauantage que l'air, & que l'e-
bene peſe ſeulement mille fois dauantage, au lieu que la viteſſe de ces deux
corps abſoluëment conſideree ſeroit eſgale ; de dix mille degrez de viteſſe
qu'ils auroient dans le vuide, l'air oſte vn
degré au plomb, & dix à l'ébene : c'eſt
pourquoy lors que ces deux corps deſ-
cendront de telle hauteur qu'on voudra,
dont ils deſcendroient eſgalement viſte,
ſi l'air n'empeſchoit point, il arriuera que

le plomb perdra vn degré de ſa viſteſſe,
dans la cheute de dix mille pieds, & que
l'ebene perdra dix degrez; de ſorte que
le plomb la deuancera d'enuiron quatre
doigts, lors que ces deux corps tombe-
ront de la hauteur de deux cents braſſes.

Et ſi la veſſie peſe ſeulement quatre
fois dauantage que l'air, l'air luy oſtera
le quart de ſa viſteſſe, & par conſequent
lors que l'ebene ſera tombee du haut
d'vne tour, la veſſie n'aura deſcendu que
les trois quarts de ladite tour.

Quant à l'eau, laquelle eſt doüze fois
plus legere que le plomb, & deux fois
plus legere que l'yuoire, elle oſte la dou-
zieſme partie de la viſteſſe au plomb, & la
moitié de la viſteſſe à l'yuoire : de ſorte
que quand le plomb aura fait vnze braſſes d'eau, l'yuoire n'en aura fait que
ſix.

L'on trouuera de la meſme maniere,
les differentes viſteſſes d'vn meſme corps
dans des milieux differens, pourueu que
l'on ne conſidere pas les diuerſes reſiſtances des milieux, mais combien les
mobiles ſont plus peſans que leſdits mi-

lieux : par exemple, l'eſtain eſt mille fois
plus peſant que l'air, & dix fois plus peſant que l'eau : de ſorte que ſi l'on diuiſe
la viſteſſe abſoluë de l'eſtain en mille degrez, il tombera dans l'air d'vne viſtéſſe
de neuf cens nonante-neuf degrez, parce
que l'air luy oſte vn degré : & dans l'eau
d'vne viſteſſe de neuf cens degrez, parce
qu'elle luy oſte la dixieſme partie de ſa
viſteſſe.

De rechef, ſi l'on prend vne boule de
bois qui ſurmonte fort peu la peſanteur
de l'eau, comme ſont pluſieurs eſpeces
de bois, & que, par exemple, le bois
peſe mille dragmes, & l'eau de meſme
volume neuf cens cinquante, & qu'vn eſgal volume d'air ne peſe que deux dragmes : ſuppoſé que la viſteſſe abſoluë de la
boule de bois ſoit de mille degrez, elle
n'aura plus que neuf cens nonante-huiѐt
degrez dans l'air, & dans l'eau elle n'aura que cinquante degrez, puiſque l'eau
luy en oſte neuf cens cinquante : de ſorte
qu'vn tel bois deſcendra quaſi deux fois
plus viſte dans l'air, que dans l'eau, parce que la peſanteur dont il ſurpaſſe celle de l'eau, eſt la vingtieſme partie de

ſa propre peſanteur.

D'où il concluð qu'on peut trouuer la proportion de la viſteſſe des corps dans l'air & dans l'eau, ſans vn notable erreur, en ſuppoſant que l'air ne leur oſte quaſi rien de leur viſteſſe, & de leur peſanteur: de ſorte qu'ayant trouué de combien ils peſent plus que l'eau, l'on peut dire que leur viſteſſe dans l'air eſt à celle qu'ils ont dans l'eau, comme eſt leur peſanteur totale & abſoluë, à la peſanteur, par laquelle ils ſurpaſſent celle de l'eau : par exemple, ſi vne boule d'yuoire peze vingt onces, & que l'eau d'eſgal volume peſe dixſept onces, la viſteſſe de l'yuoire dans l'air ſera quaſi à ſa viſteſſe dans l'eau, comme vingt à trois : parce que l'yuoire ne ſurpaſſe la peſanteur de l'eau, que de trois parties. I'ay quelque objection à faire contre tout ce diſcours : mais ie la reſerue apres l'Article qui ſuit.

REMARQVE.

ILy en a qui tiennent encore auec Ariſtote dans l'onzieſme Chapitre du quatrieſme de la Phyſique, Que ſi l'eſpace

d'icy au centre de la terre eſtoit vuide, &
ſans aucun empeſchement, chaque corps
peſant deſcendroit dans vn moment, c'eſt
à dire auſſi viſte, comme va la lumiere; &
que dans le vuide tout miſſile, pour peu
de mouuement qu'on luy donnaſt, iroit
d'vne eſgale viſteſſe, & dans vn moment:
quoy que le ſens commun ſemble dicter
que les miſſiles iront d'autant plus viſte
qu'ils ſeront iettez auec plus de violence.
ſuppoſé neantmoins qu'ils ſe meuuent
dans le vuide, dans lequel pluſieurs autres maintiennent qu'il ne ſe feroit nul
mouuement.

ARTICLE XV.

Deux manieres, pour trouuer de com-
bien l'air eſt plus leger que l'eau, ou les au-
tres corps.

SI l'air eſtoit abſolument leger, plus
on en mettroit dans vn ballon, &
moins il ſeroit peſant, ce qui eſt contre
l'experience : n'importe que noſtre air
ne ſoit autre choſe que des vapeurs de

l'eau & de la terre, ou qu'il ſoit telle autre choſe que l'on voudra, pourueu que
nous trouuions ſa peſanteur, ſoit à l'eſgard de l'eau, ou des autres corps, dont
la peſanteur nous eſt cogneuë. La premiere maniere, qui ſert pour ce ſujet,
depend d'vne bouteille de verre, ou d'autre matiere, laquelle ait tellement le goulet & le col diſpoſé, que l'on y puiſſe mettre vn tampon, de telle ſorte qu'il ait vne
languette ou ſoupape au haut, afin de
pouſſer dedans la plus grande quantité
d'air que l'on pourra, ſans qu'il en puiſſe
ſortir : & ayant peſé la bouteille deuant,
& apres, l'on verra combien l'air nouueau
peſera, lequel on y a pouſſé, & renfermé
en le condenſant : car ſi au lieu que la
bouteille peſoit vne liure, elle peſe vne
liure & vn quart d'once, il s'enſuit que
l'on y a pouſſé la peſanteur d'vn quart
d'once d'air. Mais parce qu'on ne peut
ſçauoir la quantité d'air que l'on y a mis,
il faut ioindre le goulet d'vne autre bouteille au goulet de la premiere, de telle
ſorte que l'air n'y ait point de communi-
cation ; & puis ayant remply d'eau cette
ſeconde bouteille, au fond de laquelle il
                                    faut

faut faire vn petit trou, par lequel on
pouſſe vn fil de fer, pour ouurir la languette de la premiere bouteille, a fin que
l'air enfermé par force, vienne à ſortir &
à pouſser autant d'eau de dehors la ſeconde bouteille, comme il eſt gros : de
ſorte que recueillant l'eau qui en ſortira,
ſa quantité monſtrera celle de l'air enfermé & condenſé, qui peſoit vn quart d'once.

Il eſt encore plus ayſé de faire la meſme choſe, ayant vne ſeule bouteile, laquelle il faut boucher comme l'autre, &
y laiſſer auſſi vne languette ; & apres l'a-
uoir peſee bien iuſtement, il y faut pouſſer, & faire entrer autant d'eau qu'on
pourra, ſans qu'il ſorte rien de l'air qui
eſt dedans; ce qu'il faut faire auec vne ſe-
ringue : or la bouteille peut ayſement re-
ceuoir aſſez d'eau pour remplir ſes trois
quarts, de ſorte que les quatre parties de l'air, c'eſt à dire, tout l'air qui rem-
pliſſoit la bouteille, ſe retirera ſur l'eau, &
ſe condéſera tellement, qu'il ſera contenu dans le quart de la bouteille. Or l'eau
ayãt eſté meſuree & peſee, auſſi bien que la
bouteille, la peſanteut qui reſtera appar-

E

tiendra à l'air par exemple, s'il y a trois
liures d'eau, & que la bouteille pefe vne
liure, auant que de retirer cette eau, il
faudra quatre liures pour la mettre en
equilibre ; & ce qu'il faudra dauantage
pour retrouuer l'equilibre apres y auoir
mis l'eau, fera la pefanteur de l'air. Mais
il eft bon de remarquer que la bouteille
doit eftre la plus legere, & neantmoins la
plus groffe que l'on puiffe trouuer, d'autant que fi elle eft fort pefante, les balances, dont il faudra vfer, ne perdront leur
equililibre qu'auec vn poids bien grand ;
de forte que fi elle pefoit vne liure, à peine quatre grains changeroient-ils l'equilibre ; & fi elle n'eft fort groffe, elle contiendra fi peu d'air que fa pefanteur ne
fera pas affez fenfible, ce qui fait douter
de la iufteffe des experiences de Galilee,
qui ne dit point les grandeurs & les pefanteurs de fes flacós, ny la force & la iufteffe de fes balances, ny mefme la grandeur & pefanteur de l'air qu'il a pefé, en
vfant de grains de fable pour ce fuiet : il
dit feulement qu'il a trouué par cette
voye, que l'eau eft prés de quatre cens
fois plus pefante que l'air : au lieu que

par vn autre moyen qui dépend de la
proportion des cheutes, qu'ont les corps
differents en pesanteur, dans l'air & dans
l'eau, ie treuue qu'elle pese du moins mil
sept cens fois dauantage que l'air, comme l'on peut voir dans la premiere obseruation mise à la fin des Liures de l'Har-
monie.

EXPERIENCE CONTRE
le discours de Galilee.

S'il est vray que les corps pesans per-
dent autant de leur vittesse en des-
cendant, comme le milieu, par lequel ils
descendent, diminuë, & oste de leur pesanteur, & que l'air soit quatre cens fois
plus leger que l'eau, comme il dit, & le
plomb douze fois plus pesant que l'eau :
il s'ensuit que le plomb est quatre mille
huict cens fois plus pesant que l'air ; &
partant que le plomb ne va pas moins viste dans l'air que dans le vuide sinõ d'vne
4800 partie, & que dans l'eau il va moins
viste d'vne douziesme partie, tant dans
le vuide que dans l'air, parce que l'air luy
oste si peu de sa pesanteur, & par conse-

E ij

quent de fa viftefle, que cela peut eftre
negligé : donc le plomb ne doit defcendre que douze pieds dans l'air , tandis
qu'il en defcend vnze dans l'eau, fi fon
raifonnement & fon principe eft veritable. Or l'experience perpetuelle monftre
qu'en mefme temps qu'il d'efcend onze
ou douze pieds dans l'eau , il en defcend
quarante-huiɛ̃t dans l'air. c'eft à dire, que
dans le temps de deux fecondes minutes
il ne defcend que de douze pieds de hauteur dans l'eau, & de quarante huiɛ̃t dans
l'air : donc il ne fait que le quart du chemin dans l'eau : d'où il s'enfuit qu'elle
luy ofte $\frac{3}{4}$ de la viftefle qu'il a dans le
vuide ou dant l'air, au lieu qu'elle ne luy
en deuroit ofter qu'vne douziefme partie : & luy fait perdre trente-deux pieds,
au lieu qu'elle ne luy deuroit faire perdre
qu'vn pied. Et fi l'on diuife le chemin du
plomb dans l'air en quatre mille huiɛ̃t
cens parties, ou degrez, il ne perd qu'vne
partie de fa viftefle dans l'air, & trois mille fix cens parties, c'eft à dire, $\frac{3}{4}$ dans
l'eau ; d'où il s'enfuiuroit que l'eau deuroit eftre trois mille fix cens fois auffi
pefante que l'air , puis qu'elle ofte trois

mille six cens parties au plomb, auquel
l'air n'en oste qu'vne partie. Ce que ie
n'ay pas voulu diffimuler, afin que nul ne
fe laiffe preuenir, & que l'on examine
plus exactement de combien chaque
corps doit defcendre plus ou moins vifte dans chaque milieu : & fi chacun a de
particuliers empefchemens.

ARTICLE XVI.

Du moyen de pefer l'air dans le vuide.

PLVSIEVRS s'imaginent que ces experiences font inutiles, parce que
l'air ne pefe rien dans l'air, non plus que
l'eau dans l'eau ; & par confequent qu'il
faudroit pefer l'air dans le vuide, pour en
fçauoir la veritable pefanteur, côme les
quatre dragmes de fable qui contrepe-
fent l'air, ont leur veritable pefanteur
dans l'air : car le milieu ofte autant de la
pefanteur du corps qu'il contient, comme pefe ledit milieu de mefme volume
que le corps : & partant l'air ofté toute

la peſanteur à l'air. Mais dans les experiences precedentes l'air eſt peſé dans le
vuide, parce que l'air pouſſé par force
dans la bouteille, ne donne aucune im-
preſſion à l'air exterieur : car la bouteille
ne ſe groſſit point pour cela. De ſorte que
l'air qui y eſt mis de nouueau, eſt peſé
dans le vuide, parce qu'il remplit le vuide qui eſtoit ſemé dans l'air precedent
non condenſé, & partant c'eſt dans ces
vuides qu'il eſt peſé ; neàntmoins les
grains de ſable peſent moins qu'il ne
faut, de la peſanteur de l'air de meſme
volume peſé dans le vuide. D'où l'on in-
fere que l'air de toute la bouteille contient du moins les trois quarts de vuide,
puiſque l'on y met de nouueau trois
quarts d'air. D'où l'on peut conclure que
l'air condenſé de la bouteille peſe iuſtement autant comme il peſeroit dans le
vuide, ſoit qu'il y fuſt dans ſon eſtenduë
naturelle, ou y demeurant condenſé. Ie
laiſſe pluſieurs autres manieres de peſer
l'air, afin de reuenir aux cheutes des
corps peſans.

ARTICLE XVII.

*Consideration des mouuements que font les
corps plus ou moins pesans, lors qu'on les
attache à des chordes.*

GALILEE n'a pas mal choifi les
mouuemens des corps pefans attachez à des chordes, parce que lors qu'ils
tombent du haut des tours, ils vont fi vifte, que l'on ne peut pas fi bien remarquer
en quel lieu ils fe trouuent à chaque moment, & quelle proportion les plus & les
moins pefans ont en leur viftesse, comme
l'on fait lors qu'ils font attachez à des
chordes.

Il eft vray que les laiffant cheoir fur vn
plan incliné & panché fur l'Orifon, ils
vont plus lentement; mais le plan n'eft
iamais fi parfait, qu'il ne diminuë la
cheute qu'ils auroient dans l'air. C'eft
pourquoy il a vfé de chordes de quatre
ou cinq braffes attachees en haut à vn
cloud, dont l'vne fouftenoit vne boule
de plomq, & l'autre vne boule de liege,

du moins cent fois plus legere que celle
de plomb. Il dit qu'ayant tiré ces deux
boules hors de leurs lignes perpendiculaires, elles font plus de cent tours & retours enfemble, fans que l'vne precede
l'autre d'vn feul moment ; & bien que la
grandeur des tours & retours de la boul-
le de liege fe diminuë : chacun dure
neantmoins toufiours autant que celuy
de la boule de plomb ; de forte que le liege fait cinq degrez de fon arc en mefme
temps que le plomb en fait cinquante ou
foixante du fien : de mefme fi l'on efloi-
gne feulement le plomb de cinq degrez
& le liege de trente, ils font tous deux
leurs arcs en mefme temps : & lors qu'ils
font des arcs efgaux en mefme temps,
leur mouuement eft efgal.

EXPERIENCE.

SI l'Autheur euft efté plus exact en fes
effais, il euft remarqué que la chorde
eft fenfiblement plus long-temps à defcendre depuis le haut de fon quart de
cercle iufques à fa perpendiculaire, que
lors qu'on la tire feulement dix ou quin-

ze degrez, comme tefmoignent les deux
bruits que font deux chordes efgales,
frappant contre vn ais mis au poinct de la
perpendiculaire. Et s'il euft feulement
nombré iufques à trente ou quarante retours de l'vne tirée vingt degrez ou
moins, & de l'autre quatre-vingt ou no-
nonante degrez, il euft cogneu que la
moins tirée fait vn retour dauantage fur
trente ou quarante retours: & fi l'on pouuoit toufiours en faire aller vne à quatre-
vingt degrez, tandis que celle de dix ou
vingt degrez iroit fe diminuant, celle-cy
pourroit gaigner vn retour fur dix ou
douze retours. Voyez encore l'Article
vingtiefme, où il eft parlé plus amplemét
de ces chordes. Il y a feulement cette difference, que le liege ne fait pas tant de
tours, & treuue pluftoft fon repos, à caufe
que l'air l'empefche dauantage que le
plomb. Mais nous parlerons encor du
mouuement de ces poids attachez aux
chordes dans le vingt-troifiefme Article.

ARTICLE XVIII.

Des empeschemens que les diuerses grandeurs
des surfaces, & des autres qualitez des
corps pesans, apportent à la vistesse de
leurs cheutes.

IL est certain que les inesgalitez des
corps empeschent leur vitesse ; de là
vient que les corps que l'on iette, qui
tournent comme les toupies, ou qui descendent, ont coustume de siffler & de faire des bruits, ou des sons plus ou moins
aigus selô leur vitesse, ce qui n'arriue pas
aux corps polis ; mais la principale cause
du retardement de la cheute des corps
de mesme espece de pesanteur, par exé-
ple, des pierres, du plomb, &c. vient de
la differente grandeur de leurs surfaces :
car lors qu'elles sont plus grandes à l'esgard du solide qu'elles contiennent, elles
retardent dauantage le mouuement : de
sorte qu'elles peuuent tellement croistre,
qu'elles l'empescheront tout à fait : par
exemple, si nous prenons vn dé, ou cube

d'yuoire, ou de telle autre matiere qu'on voudra, dont chaque cofté ait vn ou deux pouces en quarré, ce dé ou ce cube n'aura que vingt-quatre pouces de furface.

Mais fi on le diuife en huict petits cubes, le cofté de chacun aura vn pouce, & partant les huict auroit quarante-huict pouces : deforte que chaque petit cube n'eftant que $\frac{1}{2}$ du premier, fa furface eft $\frac{1}{4}$ de celle du premier, d'où il appert que la folidité perd deux fois autant que la furface.

Si l'on diuife encore chaque petit cube en huict autres moindres, chacun aura la fixiefme partie de la furface du premier, & n'aura que la foixante-quatriefme partie de fa folidité : de maniere que les deux premieres diuifions diminuent quatre fois dauantage la folidité que la furface. Et fi l'on continuoit les diuifions iufques à des cubes efgaux aux grains de fable, ou à de la pouffiere, impalpables, la folidité fe diminueroit mille fois dauantage que la furface, & mefme l'on pourroit dire que l'on n'auroit quafi plus qu'vne furface fans folidité.

D'où il est aisé de conclure que l'empeschement de la cheute est beaucoup
plus grand és petits corps que dans les
grands, soit semblables, comme sont lesdits cubes, ou dissemblables, comme lors
qu'on les compare auec des globes. C'est
pourquoy il est veritable de dire, que les
petits corps ont de plus grandes surfaces
que les grands : par exemple, que chaque
cube de la seconde diuision precedente,
a quatre fois plus de surface que le grand
cube, qui est soixante quatre fois plus
pesant, ce qui s'entend à l'égard de leurs
soliditez, ou de leurs pesanteurs : & c'est
ce qui fait que certains petits corps qui
troublent l'eau, sont quelquefois deux
ou trois heures ou plus, à descendre iusques au fond, encore que les grands
corps de mesme matiere y descendent
dans vn moment, comme l'on experimente à la poudre d'emery & d'estain,
qui nagent sur l'eau, & mesme aux fueilles d'or, que l'on peut quasi prendre pour
de simples surfaces, quoy qu'elles crois-
sent encore dix fois dauantage en dorant
le fil d'argent, comme il a esté dit cy-deuant ; & peut estre que cette diminution

empefcheroit qu'elles defcendiffent dãs
l'air, fi l'on pouuoit les feparer de leur fil:
du moins l'on peut dire iufques à quelle
extenfion de furface chaque corps doit
arriuer pour ne pouuoir plus defcendre
dans l'air, fuppofé que l'on fçache fa pefanteur : par exemple, s'il eft cent fois
plus leger que l'eau, vne fueille d'or de
mefme pefanteur que l'ordinaire, mais
ayant fa furface cent fois plus grande,
nageroit dans l'air, fans y pouuoir defcendre.

Galilee adioufte vn Probleme Geo-
metric en faueur des furfaces, à fçauoir
que les folides femblables font entr'eux,
en proportion fefquialtere de leurs furfaces, ce qu'il prouue parce que ce qui eft
triple d'vne chofe, dont vne autre eft
double, vient à eftre fefquialtere de cette
chofe. Or les furfaces font en proportion
double des lignes, defquelles les folides font en raifon triple, donc les folides font en raifon fefquialtere des furfaces.

REMARQVE POVR
l'intelligence des termes.

SVr quoy il faut remaquer que Galilee vfe du mot de *proportion* au lieu de ce-luy de *raifon*, & de *triple*, & *double*, au lieu de *triplee*, & *doublee* : de forte qu'il fait en ce fujet, comme lors qu'on dit que la rai-fon double de deux à vn, eftant oftee de la raifon triple de trois à vn, il refte la fef-quialtere de trois à deux, quoy que ce ne foit pas là fon fens : car fi l'on compa-re le cube de la premiere diuifion prece-dente, au premier cube qui eft en raifon triplee de fes coftez, nous trouuerons que leurs coftez font de deux à vn, leurs furfaces de quatre à vn, & leurs folides de huiƈt à vn. Or la raifon double de deux à vn, eftant oftee de celle de huiƈt à vn, il refte la raifon double de huiƈt à quatre, & non la raifon fefquialtere, comme dit Galilee. Neantmoins Archi-mede a parlé de la *fefquialtere*, dans la huiƈtiefme Proportion de la Sphere, & du Cylindre, au mefme fens : mais pour éuiter l'obfcurité, i'ayme mieux

dire que les solides semblables font
entr'eux en raison double, ou doublee de leurs surfaces, comme dans l'e-
xemple precedent, leur raison octuple eft
double ou doublee de la raison double
de leurs surfaces.

Or ie veux expliquer cette maniere de
parler en deux exemples, afin que l'on
entende d'autres choses, dont Galilee
parlera apres en vsant des mesmes termes. Suppofons donc que deux Spheres
foient tellement proportionnees, que le
diametre de l'vne foit double de l'autre,
leurs surfaces feront en raison doublee
de leurs diametres, & leurs foliditez en
raison triplee, ce qui s'explique par ces
nombres, vn, deux, quatre, huict. Or
puifque la raifon d'vn à huict, contient
trois raifons doubles, il s'enfuit que la
raifon de vn à huict peut eftre appellé fefquialtere de la raifon de vn à quatre, puis
qu'elle contient trois raifons efgales aux
deux qui font d'vn à quatre, c'eft à dire,
que la raifon des folides eft fefquialtere
de celle des furfaces : par où l'on void
que Galilee compare les raifons entr'elles, comme fi elles eftoient de fimples

nombres : c'eſt pourquoy il appelle la raiſon doublee, *double*, & la triplee, *triple* : ce
que i'ay voulu remarquer de peur que
l'on croye qu'il ait manqué en ſes raiſon
nemens.

ARTICLE XIX.

A ſçauoir, ſi la reſiſtance de l'air eſt aſſez gran-
de, pour empeſcher que les corps les plus
peſans & les plus gros, n'augmentent plus
leur viſteſſe.

IL conclud qu'il n'y a point de globe ſi
peſant, ſoit de fer, de plomb, on de telle autre matiere qu'on voudra, qui ne
perde de l'augmentation de la viſteſſe,
qu'il auroit dans le vuide, quelque ſubti-
lité que le milieu puiſſe auoir : de ſorte
qu'il arriue en fin à vn certain endroit, où
il n'augmentera plus ſa viſteſſe, & retien-
dra touſiours celle qu'il aura acquiſe iuſques en ce lieu : ce qu'il prouue en deux
manieres, l'vne par l'eau, qui priue incontinent vne balle de plomb de la viſteſſe
qu'elle auoit acquiſe en tombant de quatre ou

tre ou cinq toifes dans l'air : de forte
qu'il n'y a pas d'apparence qu'elle ac-
quift vne femblable viftefle dans la
cheute de mille braffes d'eau : car pourquoy l'eau ofteroit-elle d'abord la vifteffe qu'elle deuroit apres luy redonner? &
puis on experimente que les coups de canon, qui trauerfent vn peu d'eau auant
que de frapper vn Nauire, ne luy font
quafi point de mal : & qu'vne balle tiree
en haut, & retombant dans l'eau, n'en-
fonce quafi point dans le fable.

L'autre preuue eft prife de ce qu'vn
coup d'arquebufe tiré du haut d'vne
tour en bas, ne frappe pas fi fort que fi
l'on tiroit le mefme coup en bas prés de
quatre ou cinq braffes du blanc : ce qui
monftre que l'air a rompu la viftefle de la
balle, qui defcendoit de la tour, quelque
eftrange viftefle qu'elle peuft auoir. Ioint
qu'il n'y a point d'apparence qu'vne balle de moufquet acquiere autant de viftefle en tombant de telle hauteur qu'on
voudra, fuft-ce depuis la Lune, comme
elle en a, lors quelle fort du moufquet, ou
à trente ou quarante braffes de là : &
neantmoins fi l'air n'empefchoit fa viftef-

F

fe, il eft certain qu'elle iroit auffi vifte, &
par confequent qu'elle feroit autant de
mal, d'effect, & de faucee, en defcendant
par fon mouuement naturel, comme elle
en fait à la fortie de l'harquebufe, lors
qu'elle feroit defcenduë 21. fecondes
minutes ; car elle feroit quatre-vingts &
deux toifes dans le temps d'vne feconde
minute, fnruant nos experiences ; c'eft à
dire quafi dans vn moment, fuppofé que
l'air ne l'empefchaft pas d'auantage que
le vuide. Mais il faudroit qu'elle defcen-
dift de la hauteur de quatre cens quaran-
te-vne toifes, pour acquerir cette vifteffe, & pour auoir autant d'effect comme à
la fortie de l'arquebufe : ce que nous ne
pouuons experimenter, parce que nous
n'auons point de fi grande hauteur, dont
nous puiffions laiffer cheoir vn boulet,
quoy que l'on puiffe dire qu'vn boulet
de canon tiré perpendiculairement, re-
tombe d'auffi haut, puis qu'il doit eftre
du moins deux fois auffi long-temps à retomber, comme la balle d'harquebufe,
qui employe douze fecondes minutes à
fa cheute, & qui par confequent redefcend de deux cens quatre-vingt-huict

toifes de hauteur, autant qu'elle auoit
monté, fuppofé que dans cét efpace l'air
n'empefche pas fenfiblement la viftefle,
dont ladite balle defcendroit en mefme
temps dans le vuide : car elle feroit pour
lors quarante-fix toifes dans la douziefme ou derniere feconde de fa cheute,
puis qu'elle en fait deux dás la premiere;
comme l'experience enfeigne, au lieu
qu'à la fortie de l'harquebufe elle fait du
moins feptante toifes dans la premire feconde minute, puifque fa portee de cent
toifes de blanc en blanc dure vne feconde minute & demie.

Or fi le boulet de canon employe deux
fois autant de temps à retomber, c'eft à
dire, vingt-quatre fecondes, il fait no-
nante-quatre toifes dans fa derniere ou
vingt-quatriefme feconde, & par confequent va plus vifte que la balle d'harquebufe à fa fortie : c'eft à dire, que
ledit boulet va plus vifte à la fortie
du canon, que la balle d'harquebufe ; mais il faudroit experimenter combien ledit boulet tiré perpendiculairement, entre dans la terre, pour fçauoir de
combien l'air luy ofte de fa viftefle, car il

n'y a point d'apparence qu'il ait vn effect
pareil à celuy qu'il a fortant de fon canon, de quelque hauteur qu'il puiffe tomber : quoy que fi le mouuement fe faifoit
dans le vuide, il femble que le dernier
moment de fa cheute doit eftre fi égal en
viftefle au premier moment de fa proje-
ction.

ARTICLE XX.

*De la proportion que doiuent garder les chor-
des penduës en haut, pour faire leurs tours
& leurs retours en plus ou moins de temps,
comme l'on voudra.*

APres auoir fuppofé ce que monftre l'experience, à fçauoir que tous
les tours & retours des chordes fe font en
temps efgaux, foit que les poids qui y
font attachez foient éleuez iufques à nonante degrez, c'eft à dire, iufques au haut
du quart de cercle, ou feulement iufques
à deux ou trois degrez : il dit encore que
ce mouuement par l'arc du quart de cercle fe fait plus vifte, que par nulle autre

ligne fouftendanre, tiree depuis tel degré dudit quart de cercle qu'on voudra,
iufques au bout où l'orifon le touche,
quoy que chacune de ces lignes droictes
foit beaucoup plus courte que ledit arc.
A quoy l'on peut adioufter que le mouuement de la balle ne cefferoit iamais, fi
l'air & la chorde ne l'empefchoient nullement, parce que la viteffe qu'elle acquiert en defcendant la feroit toufiours
remonter auffi haut, comme le lieu d'où
elle feroit defcenduë, & partant auroit
vn perpetuel mouuement.

Quant aux longueurs que doiuent
auoir les chordes, afin que leurs tours
ayent telle proportion entr'eux que l'on
voudra, elles doiuent eftre en raifon doublee des temps que l'on veut qu'elles em-
ployent, c'eft à dire, qu'elles ont mefme
raifon entr'elles que les quarrez des
temps de leurs retours : par exemple, fi
l'on veut que chaque tour d'vne chorde
dure deux fois autant que celuy d'vn autre, il faut la faire quatre fois auffi longue; de maniere que fi l'on m'apprend la
duree de l'vn des tours de la chorde qui
tient la lampe d'vne Eglife, & qui eft at-

tachee à la voûte, ie sçauray sa longueur,
& par consequent la hauteur de la voûte ; comme si depuis la lampe de l'Eglise
de Nostre-Dame, il y auoit cent huict
pieds, chaque tour de la lampe dureroit
six secondes, supposé que le tour d'vne
chorde de trois pieds dure vne seconde
minute, parce que les quarrez d'vn & de
six, sont vn & trente-six ; & parce que la
chorde de trois pieds respond à vn, il
faut multiplier trente-six par trois, qui
font cent huict pour la longueur de la
chorde, dont chaque tour dure six secondes : & si la voûte auoit cent quarante sept pieds de haut, chaque tour de la
chorde dureroit sept secondes , & c.
Si l'on compte vingt tours de la chorde
plus longue, dont on ne sçait pas la longueur, en mesme temps que celle d'vne
brasse en fera deux cens quarante , les
quarrez de vingt & de vingt-quatre, à
sçauoir quatre cens,&cinquante sept mil
six cens,monstreront que celle de la brasse contient quatre cens parties, des cinquante sept mil six cens, que contient la
grande chorde : donc cinquante sept mil
six cens diuisez par quatre cens, don-

nera cent quarante quatre braſſes pour la longueur de ladite chorde.

De meſme, ſi l'on compte neuf tours de la chorde attachee à la voûte de Noſtre Dame, tandis que la chorde de trois pieds en fera cinquante quatre. Suppoſons que cette chorde ſoit vne ſeule meſure, comme en effect elle eſt vne demie toiſe, les quarrez de neuf & de cinquante quatre, à ſçauoir, quatre-vingt-vn, & deux mil neuf cens ſeize, monſtreront que la chorde de trois pieds contient quatre-vingt-vne parties des deux mil neuf cens ſeize de l'autre chorde, & partant deux mil neuf cens ſeize diuiſé par quatre-vingt-vn, donnera trente ſix demies toiſes, ou meſures de trois pieds, c'eſt à dire cent huict pieds de longueur, pour la chorde, qui monſtrera la hauteur de la voûte.

REMARQVE ET EXPLICATION.

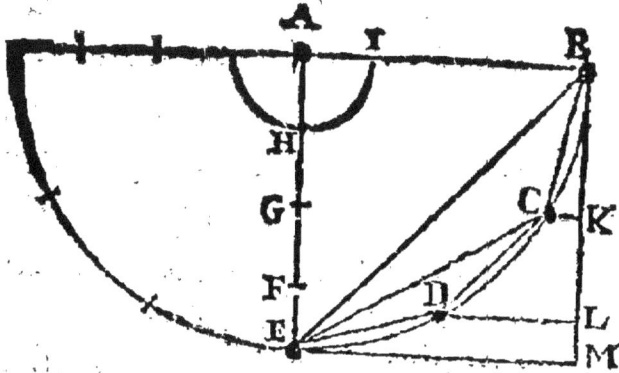

MAis parce que l'on entend mieux
cecy par le moyen des figures, ie
repete icy la troisiesme figure de la septiesme Addition faite aux Mechaniques
de Galilee: Il dit donc que la chorde AE,
attachée au poinct A, & ayant vn poids
attaché en E, tombe aussi-tost depuis B,
qui est le haut du quart de cercle iusques
en E, par le quart de cercle B C D E, comme lors qu'elle tombe seulement depuis
C, ou D, iusques en E : & semblablement
qu'vne boule descend plustost par ledit
quart de cercle depuis B, iusques en E,
en roulant sur l'enchasseure d'vn sas,
qu'elle ne descend par le plan B E, quoy

qu'il foit plus court, ou par le plan C E,
ou D E, ou tel autre qu'on voudra.

De plus, fi la chorde A H, fait fon tour
dans vn moment, de I en H, elle doit
eftre quatre fois plus longue, c'eft à dire,
depuis A iufques à E, pour faire fon tour
en deux momens, depuis B, iufques à E:
fi l'on fuppofe que la chorde AH, ait trois
pieds & demy de long, elle fera chacun
de fes tours dans le temps d'vne feconde
minute; & partant fera trois mil fix cens
retours dans vne heure ; & parce que A
E, eft quatre fois plus longue, elle aura
quatorze pieds, & fera chacun de fes retours dans deux fecondes : s'il y a quelque chofe à defirer icy, on le trouuera
dans le quatriefme Liure.

ARTICLE XXI.

Expliquer pourquoy vne chorde de Luth ou d'Espinette touchee fait bransler les autres chordes non touchees, qui sont à l'vnisson, à l'octaue, & à la quinte.

IL est certain que le seul souffle peut esbransler & faire mouuoir le poids qui est pendu à vne chorde, laquelle s'ébranlera d'autant plus, que l'on repetera le souffle plus souuent, lors que le poids suspendu reuiendra du mesme costé de celuy qui souffle; dont la repetition faite bien à propos, & à temps, peut esbranler des cloches assez grosses, & mesmes les faire sonner. Or quelque force ou foiblesse dont on vse pour faire mouuoir le poids suspendu à la chorde, elle fait tousiours chacun de ses retours en mesme temps. Cecy posé, il est constant que les chordes de Luth sont aussi determinees par leur tension, & leurs autres qualitez, à faire leurs tours, ou leurs tremblemens dans vn temps certain, &

qu'vne chorde donne autant de secous-
ses, ou de coups à l'air, comme elle se re-
muë de fois : de sorte que tous ces mouuements d'air vont frapper toutes les
chordes de l'instrument, que l'on touche,
& durent aussi long-temps que le son de
la chorde.

Mais parce que la chorde qui se rencontre à l'vnisson, est disposée à trembler
aussi viste que celle qui est touchee, le
premier tour de la touchee luy donnant
la premiere impression commence à l'esbranler, & le second, le troisiesme, le
vingtiesme tour, & tous les autres l'es-
branlans tousiours de plus en plus, elle
tremble côme celle mesme qu'on a tou-
hee : de là vient que l'on void qu'elle s'e-
flargit, & qu'elle fait trembler la paille, le
papier, les espingles, ou les aurres choses
qu'on met dessus. Et bien que les chordes ne soient pas sur le mesme Luth, mais
sur vn autre, elles pourront trembler aussi bien comme fait vn verre, lors que l'on
touche auec l'archet l'vne des grosses
chordes d'vne violle, qui trouue ledit
verre à l'vnisson.

Semblablement, si on frotte auec le

doigt fur le bord d'vn verre, dans lequel
il y a de l'eau, l'eau fe frize par de petites
ondes efgales, & lors que l'on arr efte fa
pate dans vn autre vafe où il y a de l'eau :
cette eau faute d'vn cofté & d'autre tout
autour dudit verre. Surquoy il remarque
vn effect bien notable , lequel ie n'ay
point veu, à fçauoir qu'il arriue quelquefois qu'en frottant le bord d'vn verre affez grand , les ondes de l'eau qui fremit
dedans, viennent à fe fendre chacune en
deux , lors que le fon du verre paffe, &
faute iufques à l'octaue haute ; d'où il
conclud fort bien que la raifon de l'o-
ctaue eft double, ou d'vn à deux : mais
nous parlerons de la force, ou de l'effence des confonances dans l'Article fuiuant.

ARTICLE XXII.

Quelle eft l'effence, & la raifon de chaque
confonance.

L'O N a tenu iufques à prefent que la
raifon des confonances eft prife de

celle de la chorde qui se diuise sur vn monochorde, par exemple, que la raison de
l'octaue est double, parce que la chorde
entiere fait l'octaue en bas contre la moitié de la mesme chorde, que l'on diuise
auec vn cheualet. Que la raison de la
quinte est sesquialtere de 3. à deux, parce que le cheualet estant mis au tiers de
la chorde, le costé de la chorde, c'est à
dire les deux tiers, fait ouyr la quinte
auec la chorde entiere.

Mais il a sujet de ne se contenter pas
de cette raison, parce qu'elle ne se rencontre pas dans les autres manieres dont
on vse pour trouuer les consonances, en
faisant monter ou descendre les chordes,
afin de faire leurs sons plus aigus ou plus
graues.

Car outre la premiere maniere, laquelle accourcit les chordes, dont nous
auons parlé, l'on fait la mesme chose en
les bandant dauantage, ou en les ame-
nuisant, pour les rendre plus minces &
plus deliees. Or comme l'on fait l'octaue
sur le monochorde, auec la chorde de
mesme grosseur & tension, en l'accourcis-
sant de moitié; ainsi lors qu'on retient la

mefme grosseur & longueur de la chorde, il la faut bander ou tendre, & tirer
quatre fois plus fort : de sorte que si elle
estoit tenduë par vne liure, il la faut tendre par quatre liures, pour la faire monter à l'octaue. La troisiesme maniere con-
serue la mesme longueur & tension, mais
elle ne retient que le quart de la grosseur:
de sorte que la chorde doit estre quatre
fois plus deliee pour faire l'octaue : par
où l'on void que la raison de l'octaue prise des deux dernieres manieres, est doublee de la raison prise de la premiere maniere : ce qui arriue semblablement à
tous les autres interualles de la Musique:
par exemple, si l'on veut faire la quinte
par les deux dernieres manieres, il faut
doubler la raison sesquialtere, en prenant
la raison double sesquiquarte ; & si la
chorde est premierement bandee auec
quatre liures, il la faut bander auec neuf
liures : ou si l'on veut rendre la chorde
plus deliee, elle ne doit auoit que quatre
parties de la grosseur de celle de neuf
parties. Cecy posé, il semble que les Phi-
losophes n'ont pas eu plus de raison de
dire que la proportion de l'octaue est

double, & celle de la quinte fefquialtere, que s'ils euffent dit quelles eftoient
quadruple & fefquiquarte. Et Galilée
confeffe qu'il n'euft peu fçauoir s'il eft
veritable, que les tours ou tremblemens
de la chorde, qui fait le fon aigu de l'o-
ctaue, foient doubles en nombre de ceux
de la chorde qui fait le fon graue de ladite octaue (parce qu'il ne croid pas qu'on
puiffe nombrer les tremblemens des
chordes, à caufe de leur trop grande vifteffe) n'euft efté les ondes du verre, qui
fe fendirent en deux, lors que le fon paf-
fa iufques à l'octaue. Mais parce que ce
friffonnement des ondes ne dure pas affez long-temps pour les compter bien à
l'aife & tres-iuftement, il a rencontré vne
autre experience, dont il vfe pour ce fujet, laquelle confifte à racler vne piece de
leton auec vn cifeau : car elle fait entendre vn fifflement, & vn bruit agreable, &
voir quant & quant vne quantité de
plufieurs ondes, ou plis paralleles, gar-
dans vne égale diftance : & lors qu'elle
ne fait point de bruit, quoy qu'on coule
le cifeau deffus, l'on ne void point ces
ondes. De plus, quand on racle plus fort,

le son se fait plus aigu, & les ondes sont
en plus grand nombre & plus proches les
vnes des autres, particulierement lors
que l'on racle plus viste vers l'extruité de
la lame : & mesme l'on sent vn tremblement dans la main qui tient la plaque,
semblable à celuy qu'on sent dans la
gorge, & au larynx lors qu'on chante la
basse.

Il a encore remarqué que les chordes
qui font la quinte sur vn clauecin, trem-
blent au bruit de ladite plaque de leton,
& qu'apres auoir mesuré deux sortes
d'ondes, qui faisoient la quinte, il y en
auoit quarante cinq vne fois, & l'autre
fois trente, qui font la raison de la quinte.

Voila ce qui la contraint de confesser
que la raison de cette consonance est
sesquialtere, & que celle de l'octaue est
double. Il faut donc demeurer d'accord
que la vraye raison des consonances, &
des autres interualles de Musique, se
doiuent prendre du nombre des bate-
mens d'air, qui vont battre le tambour
de l'oreille, pour se porter iusques à l'esprit.

Mais

Mais il eſt conſtant que Galilée n'a pas ſceu la maniere de compter le nombre des tremblemens d'vne chorde de Luth, d'Eſpinette, ou d'vn autre inſtrument, laquelle i'ay donnee & expliquee ſi clairement, qu'il n'y a nulle difficulté; joint que les languettes des regales ſont encore plus propres pour apperceuoir les tremblemens du ſon, que n'eſt vne ſimple plaque de leton.

Il remarque encore que la peſanteur des chordes eſt auſſi conſiderable que leur groſſeur : & qu'au lieu qu'és chordes de meſme matiere, comme de boyau ou de leton, qui doiuent eſtre quatre fois plus groſſes pour faire l'octaue, ſi on les prend de matiere differente, par exemple, que l'vne ſoit de boyau & l'autre de leton, il ſuffit que la chorde de leton peſe quatre fois autant que celle de boyau, quoy qu'elle ne ſoit pas plus groſſe, ou meſme qu'elle ſoit plus deliee pour faire l'octaue en bas. D'où il arriue qu'vn clauecin monté de chordes d'or, ſera quaſi à la quinte d'vn autre monté de chordes de leton de meſme groſſeur, longueur, & tenſion que celles d'or, parce que l'or eſt

G

quafi deux fois plus pefant: de forte que
en ce fujet la pefanteur du mobile refifte
dauantage à la viftefle du mouuement,
que ne fait fa groffeur, contre ce qui arri-
üe au mobile, qui tombe plus vifte, lors
qu'il eft plus pefant en mefme volume, &
plus lentement, quand il eft plus gros &
plus leger. Surquoy l'on peut voir toutes les obferuations que i'ay faites des
fons que font les chordes de toutes fortes de metaux capables d'eftre tirez par
la filiere, & d'eftre bandez affez fort pour
faire entendre des fons.

ARTICLE XXIII.

*D'où vient l'agreement & la douceur des
confonances: & pourquoy, & de combien
l'vne eft plus douce que l'autre.*

LE plaifir que l'on reçoit de deux fons
differents que l'on oyt en mefme
temps, vient de ce que les tremblemens
qui les produifent s'vniffent fouuent enfemble fur le tambour de l'oreille, ou
dans l'imagination : & le deplaifir vient

des tremblemens des fons difcordans
qui s'vniffent fort rarement enfemble,
comme il arriue à deux chordes d'efgale
groffeur, matiere, & tenfion, dôt l'vne eft
efgale au cofté du quarré, & l'autre à fon
diametre : car elles font vn triton fort
defagreable, à caufe de la def-vnion de
leurs tremblemens, qui font endurer vn
courment perpetuel au tambour, parce
qu'ils font incommenfurables & irratio-
nels, & que l'vn le frappe toufiours à
contre-fens, & à contre temps de l'autre.

Quant aux confonances, les tremblemens qui font la principale & la premiere, c'eft à dire l'octaue, s'vniffent à chaque battement de la plus groffe chorde :
car tandis qu'elle fait vn tour, la plus deliee, ou la plus courte en fait deux : de
forté que la moitié des tremblemens du
fon aigu, s'vnit auec ceux du graue : au
lieu que les tremblemens des deux chordes qui font l'vniffon, frappent toufiours
enfemble ; c'eft pourquoy elles ne paroif-
fent que comme vne feule chorde, & ne
font point de confonance.

La quinte eft encore agreable, parce

G ij

que le tiers des tremblemens du fon aigu s'vnit auec ceux du graue : car de chaque ternaire de tremblements du fon aigu, il y a deux tremblemens qui ne s'v-
niffent point auec les deux tremblemens
du fon graue ; le fon aigu de la quatre en
a trois qui ne s'vniffent point, & le ton
n'vnit qu'vn feul de ces tremblemens, &
bleffe l'aureille auec les huict autres.

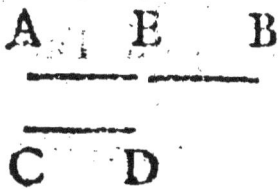

Ce qui fe peut expliquer par lignes
en cette maniere. Ima-
ginons que la ligne A B,
foit la grandeur d'vn
tour & d'vn mouue-
ment de la plus grande
chorde, & que C D, foit la grandeur du
mouuement de la moindre chorde, qui
fait le fon aigu de l'octaue, & puis diui-
fons A B en E, par le milieu. Apres que
les chordes auront commencé leurs
mouuemens en A & en C, lors que la
moindre chorde fera arriuee au poinct
D, la plus grande ne fera qu'en E, & quãd
la moindre fera de retour en C, la plus
grande fera en B ; de forte qu'elles frapperont en mefme temps, tant en B & en
C, que fur le tambour de l'oreille. Nous

auons desia vne vnion. Derechef, tandis
que la moindre ira de C en D, & de D en
C, l'autre ira de B en E, où il ne se fait
point de coup, & puis d E en A ; de sorte
que la seconde vnion des coups se fera en
A & en C, au lieu que la premiere se fai-
soit en C & en B, ce qui n'importe pas,
car il suffit que les tremblemens de l'air
frappent l'ouye en mesme temps.

L'on monstre la mesme chose de la
quinte ; & pour ce sujet le mouuement
de la plus grande chorde soit representé
par A B, & diui-
A   E   O   B   sée en trois parties par E & O,
C   D   & le mouuement de la plus
courte par C D ; si les chordes commencent à se mouuoir ensemble aux poincts
A & C, la grande estant en O, l'autre sera
en D, de sorte que le tambour ne receura
que le coup D ; & lors qu'elle retournera
de D en C, la grosse ira d'O en B, & de B
en O, apres auoir frappé en B, sans estre
accompagné du coup de la moindre : de
sorte que ce coup se fait à contre-temps,
car ce deuxiesme coup n'est differend du

premier que d'O B, qui n'est que la moitié d'A O. Or continuant son retour d'O
en A, la moindre reuient de C en D, de
sorte que les coups de l'vne & l'autre s'v-
nissent pour la premiere fois en A & en
D, les autres periodes se font tout de
mesme, de maniere que la grande chorde frappe toute seule vn coup entre les
deux coups tous seuls de la moindre, &
le second coup de la grande vient tousiours à s'vnir auec le troisiesme de la
moindre.

Où il faut remarquer que le second
coup de la moindre chorde se fait aussi-
tost aprés le premier de la grande, comme le premier de la grande se fait apres
le premier de la moindre, & qu'elles font
par apres deux fois autant de temps auāt
que de s'vnir.

Ce que i'explique par la seconde periode de leur vnion; faisons donc qu'elles
continuent leur mouuement, & parce
que nous les auons laissées en A & en D,
supposons que les trois parties de la
grande representent trois momens, & les
deux de la moindre deux momens, tandis que la moindre ira de D en C, en deux

momens, l'autre ira d'A en O, auſſi en

deux moments,

A   E   O   B   & puis d'O en B,

en vn moment,

C   F   D   où elle frappe,

tandis que la moindre eſt allee de C en F, laquelle va auſſi frapper vn moment apres en D, tandis que l'autre va de B en O : de ſorte que ces deux derniers coups ſolitaires ſe ſont faits de moment en moment ; & finale-ment tandis que la grande acheue ſon ſe-cond tour d'O en A, en deux momens, la moindre acheue ſon troiſieſme tour de D en C en deux momens : de ſorte que l'vnion de la ſeconde periode ſe fait par les deux coups A & C, qui ſont du meſ-me coſté. D'où il eſt aiſé de conclure que de ſix moments qui ſe conſiderent icy dans les tremblemens de chacune des chordes, qui font la quinte, le premier coup ſe fait tout ſeul à la fin des deux pre-miers momens, le ſecond tout ſeul à la fin du troiſieſme moment, le troiſieſme coup à la fin du quatrieſme moment, & finalement le quatrieſme coup deux mo-mens apres, c'eſt à dire à la fin du 6. mo-

G iiij

ment : de forte que les coups ou battemens de la quinte ne s'vniffent qu'vne
fois en fix momens, & que le tambour de
l'oreille eft frappé de trois battemens fo-
litaires , auant que d'eftre battu de deux
enfemble : d'où il arriue qu'elle a de l'ai-
greur auec fa douceur:ce qui n'arriue pas
à l'octaue.

Mais i'ay traitté fi amplement de la
raifon de toutes ces confonances, qu'il
eft malaifé d'y adioufter : c'eft pourquoy
i'acheue ce premier liure par la derniere
confideration qu'il fait dans fa premiere
iournee.

ARTICLE XXIV.

La maniere de representer à la veuë le trem-
blement des consonances, par le moyen
des poids attachez à des filets, ou à des
chordes.

PVISQVE les chordes, dont nous
auons desia parlé, sont en raison doublee des temps qu'elles representent, il
s'ensuit aussi qu'elles sont en raison doublee des sons que l'on veut expliquer :
c'est pourquoy si l'on prend vne chorde
de seize pieds ou palmes de longueur
pour representer le tremblement le plus
tardif de l'octaue, la chorde de quatre
pieds representera le plus viste tremblement de la mesme octaue, qui sera double en vistesse du precedent : de sorte que
cette chorde fera deux de ses allees ou
mouuemens , tandis que celle de seize
pieds ne fera qu'vn mouuement : & la
chorde du milieu qui aura neuf pieds de
long, fera trois de ses mouuemens, tan-

dis que celle de feize pieds en fera deux,
& celle de quatre en fera quatre. Pofons
donc que l'on vueille auoir trois chordes
attachees en haut à trois cloux, lefquelles vniffent autant de fois leurs mouuemens ou frappent enfemble autant de
fois, comme font les trois chordes de
Luth, qui font les trois fons de l'octaue,
vt, fol, fa, c'eft à dire, qui diuifent l'octaue harmoniquement, comme parlent les
Practiciens, ou pour mieux dire, Arith-
methiquement, fuiuant nos demonftra-
tions : ce qui arriue lors qu'on met la
quinte en bas, & la quarte en haut, & que
les nombres font ainfi difpofez, deux,
trois, quatre, pour reprefenter les deux
mouuemens ou tremblemens de la Baf-
fe, les trois de la Taille, & les quatre du
Deffus. Or l'on trouue la longueur des
chordes pendues à des cloux, pour reprefenter ces mouuemens ou tremblemens
à la veuë, en doublant la raifon defdits
tremblemens, & en gardant les raifons
doublees entre la longueur des chordes.
Par confequent nous auons la longueur
de feize pieds pour la plus grande, celle

de neuf póur la moyenne, & celle de
quatre pour la plus courte: car celle de
seize pieds fait deux tours tandis que la
moyenne en fait trois, & la plus courte en
fait quatre; de maniere qu'apres que celle-cy a fait quatre tours ou mouuemens,
elles frappent toutes trois ensemble, car
bien que la premiere & la derniere frappent ensemble à chaque mouuement de
la premiere, & de deux en deux mouuemens de la derniere, neantmoins elles ne
frappent pas ensemble auec la moyenne,
parce qu'il faut que la derniere frappe
quatre coups auant que d'vnir son mouuement auec le troisiesme coup de la
moyenne, lequel s'vnit aussi auec le second coup de la premiere. Or il faut remarquer que ce que Galilee dit que les
tours de ces chordes se ioindront ensemble à chaque quatriesme mouuement de
la plus grande chorde, ne se doit pas entendre en sorte qu'elles ne frappent pas
ensemble à chaque second mouuement
de cette chorde, comme il arriue en effet;
mais seulement qu'elles ne frappent pas
ensemble de mesme costé à leur premiere

periode : car cela n'arriue qu'à la feconde
periode, comme nous auons veu aux
tremblemens de l'octaue & de la quinte,
dans l'Article precedent. Mais ie con-
feille à ceux qui defirent auoir le plaifir
de voir cette rencontre de retours & de
mouuemens, de prendre les trois chordes
fufdites, & d'attacher vne balle de moufquet à chacune : car apres les auoir efloignees efgalement ou inefgalement de
leur plomb ou de leur ligne perpendiculaire, ils les verront frapper enfemble,
comme i'ay dit. Et s'ils leur donnent des
longueurs qui foient en raifon doublee
des trois nombres, qui reprefentent l'o-
ctaue auec la quarte deffous & la quinte
deffus, les chordes ne frapperont enfemble qu'à chaque troifiefme coup de
la plus longue, ou chaque fixiefme coup
de la plus courte, & mefme ne frapperont
pas enfemble de mefme cofté qu'apres
chaque fixiefme mouuement de la plus
grande, & à chaque douziefme de la
plus courte : d'où l'on peut conclure
que cette diuifion d'octaue n'eft pas fi
agreable que la precedente, dont la dou-

ceur est à la douceur de celle-cy comme
trois à deux , c'est à dire, sesquialtere.
L'on peut semblablement faire la longueur des chordes en raison doublee des
termes de la quinte diuisee en tierce ma-
jeure & mineure, c'est à dire en raison
doublee de quatre, cinq, six, dont les
mouuemens s'vniront aussi souuent comme ceux de l'octaue qui a la quarte en
bas : ce qui preuue l'esgalité de leur douceur.

Mais si l'on fait des chordes qui representent les tremblemens du ton, & du
demy-ton, elles serôt si long-temps sans
s'vnir que cela sera grandement desplai-
sant ; & si on leur fait representer des
tremblemens incommensurables, en faisant, par exemple, leur longueur en raison doublee du costé du quarré & de
son diametre , ou de telles autres
lignes incommensurables qu'on voudra, iamais elles n'vniront leurs mouuemens.

Si Galilee eust experimenté les vnions
de ces retours des chordes, comme i'ay
fait, il eût apperçeu que la chose n'est pas

guere agreable : car le conp de la moindre quj s'vnit auec le coup de la plus
grande, est si prompt & l'autre si tardif,
que l'on a de la peine d'en remarquer l'v-
nion.

Fin du premier Liure.

LIVRE SECOND.
DES NOVVELLES
PENSEES DE GALILEE.

De la force des colomnes ou cylindres,
suiuans les nouvelles pensees
de Galilee.

PRES auoir consideré la force des prismes & cylindres tirez perpendiculairement de haut en bas, dans le premier Liure, il determine leur force, & leur resistance, lors qu'on les presse de trauers. Or bien qu'vn cylindre de fer peust porter mille liures auant que de rompre, par la traction perpendiculaire, il n'en pourra peut-estre pas porter cent en trauers, lors qu'il est seellé, & attaché

horizontalement à vne muraille perpendiculaire à l'Orison. Il pretend donc de
determiner la force & la resistance de ces
cylindres, & prismes, tant semblables
que dissemblables, en figure, longueur &
grosseur, pourueu qu'ils soient de mesme
matiere : & pour ce sujet, il suppose ce
qui a esté demonstré du leuier, à sçauoir,
que la force est à la resistance en raison reciproque de celle de la distance d'auec le
soustien : & afin que son traicté ne des-
pende point d'ailleurs, il demonstre ce
qui suit dans le premier Article : car ie
diuise ce Liure, comme le precedent, en
autant d'Articles, comme il contient de
difficultez. Il faut seulement remarquer,
que tout ce qui est dans les six premiers
Articles, se doit entendre des cylindres,
& des prismes sellez ou fichez dans des
murailles.

ARTIC.

ARTICLE PREMIER.

Dans lequel le principe le plus simple de toutes les Mechaniques est expliqué. Deux propositions d'Archimede.

ARchimede ne suppose rien, sinon que lors que deux poids sôt égaux entr'eux, ils sont en equilibre, quand les bras de la balance sont égaux : & puis il demonstre que les poids inesgaux, attachez à des distances inesgales, sont encore en equilibre, quand les distances sont entr'elles en raison reciproque des poids : par exemple, si le bras d'vne balance a 2 pieds de long, & l'autre 4, le poids de 4 liures attaché au bras de deux pieds sera en equilibre auec le poids de 2 liures attaché au bras de 4 pieds : ce qu'il a desia fait voir dans le 4. Chap. de ses anciennes Mechaniques : où parce qu'il s'y est coulé des fautes, nous vserons de la mesme figure qui y est, pour restablir le tout, suiuant le discours de Galilée.

H

Soit donc le cylindre solide E F suſ-

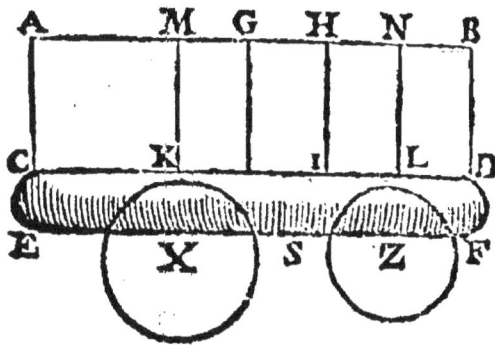

pendu par les extremitez à la ligne A B,
& souſtenu par les deux filets A E, B F, il
eſt euident que ſi on le ſuſpend tout entier au poinct G mis au milieu de la balance A B, il demeurera en equilibre,
puis qu'il a la moitié de la peſanteur d'vn
coſté, & l'autre moitié de l'autre coſté.

Poſons maintenant que ce cylindre
ſoit inegalement diuiſé par la ligne I S, &
que la partie I E ſoit la plus grande, & I F
la moindre, le cylindre ainſi diuiſé demeure en meſme ſituation à l'eſgard de
la ligne A B, moyennant le filet I H, lequel eſtant attaché au poinct H, souſtien-
dra les parties du cylindre E I & I F, ſans
qu'il ſe faſſe nul changement du cylindre
E D, ou de la balance A B.

La meſme choſe arriuera encore, ſi la
partie du cylindre E I, s'attache au filet

M K posé au milieu, & l'autre partie ne changera point son assiette, si on luy attache le filet N L par le milieu.

Soient donc ostez les filets A C, H I & B D, & qu'il ne demeure que MK, & NL, l'on aura encore l'equilibre en mettant le poinct de suspension au poinct G. Et partant nous auons deux corps pesans E I, & I D suspendus des points M H de la balance M H, qui est en equilibre par le moyen du poinct G : de sorte que la distance du poinct de suspension M, de la partie du cylindre E I, est la ligne G M ; & G H est la distance de la suspension du poids I F.

Nous n'auons donc plus maintenant qu'à demonstrer que ces distances sont entr'elles en proportion reciproque des poids, c'est à dire que la distance M G est à celle de G H, comme le cylindre I S est au cylindre I E : ce que ie demonstre ainsi.

Puis que la ligne M H est la moitié de la ligne H A, & H N moitié de F I, la ligne entiere M N sera la moitié de toute la balance A B, & partant elle sera esgale à G B : & en oftant la partie commune

G N, M G qui reftera, fera efgale à N B qui reftera, c'eft à dire à H N : & G N eftant commune, M H & G N feront ef- gales : par confequent, comme M H à N H, ainfi H G à G M. Mais comme M N à H N, de mefme, la double à la double, c'eft a dire A H à H B, ou comme le cy- lindre E I au poids I F. Donc, par la pro- portion efgale, en changeant, comme la diftance G M à G H, de mefme le poids I F au poids I S ; ce qu'il falloit prouuer.

Cela pofé, il eft euident que les deux cylindres E I & I F, ou les deux globes X & Z, aufquels l'on peut fuppofer qu'ils font reduits, feront toufiours en equili- bre au poinct G, car la figure ne change point le poids, pourueu que l'on vfe tou- fiours de mefme matiere. Cecy pofé, l'on peut parler de la force & de la refiftáce, & du mouuement & de la figure par abftra- ction de la matiere, ou coniointement auec la matiere : l'vn & l'autre eft expli- qué dans le fecond article.

ARTICLE II,

Dans lequel la raison du leuier tant abstruict
que materiel est expliquee.

APRES auoir demonstré que deux
pesanteurs font l'equilibre , lors
que leur esloignement du centre de la
balance sont en raison reciproque desdites pesanteurs, il faut se souuenir de ce
qui a esté demonstré dans le cinquiesme
Chapitre des Mechaniques , à sçauoir
que le leuier H C estant mis sur le sou-

stien E, pour leuer le fardeau A, a mesme
raison à ce fardeau, lors qu'on fait abstra-
ction de la matiere dudit leuier, & qu'on
le considere comme vne ligne Mathema-
tique, que la force H suffit pour esgaler .

la refiftance du poids A, lors que H a mefme raifon au fardeau A, que la diftance C E à la diftance E H.

Mais quand on confidere la pefanteur du leuier, il eft certain que la raifon change, parce qu'il en refulte vne force compofee de la force H iointe à la pefanteur du leuier C D. Or il faut remarquer que ie me fers de la diction, *force* ou *puiffance*, au lieu du *moment* de Galilee, parce que nous n'auons point d'autre diction.

Soit donc le fardeau à leuer C A B, par exemple vne pierre de taille, dont le centre de grauité foit A, appuyé fur la ligne horizontale C B, iufques à fon extremité B ; & que de l'autre cofté, cette pierre foit fouftenuë par le leuier H C fur le fouftien E, par vne puiffance mife en H : & que du centre A, & du poinct C l'on tire les deux perpendiculaires à l'Orizon, à fçauoir A G & C F.

PREMIERE PROPOSITION.

IE dis que la refiftance du poids entier de la pierre, eft à la puiffance H, en raifon compofee de la diftance H E à la diftance E C, &

de celle de C B *à* C G, (lequel G eſt trop bas,
car il le faut imaginer en meſme ligne
droite auec C & B.) Faiſons comme la
ligne C B à B G, ainſi E C à D, tout le
poids A eſtant ſouſtenu des deux puiſſances miſes en B & en C, la puiſſance de
B à celle de C, eſt comme C G à G B, &
en compoſant, les deux puiſſances B C
priſes enſemble, ſont comme C B, ou F B
à G B, ou comme E C à D. Or la puiſſance de C eſt à celle de H, comme la diſtance H E à E C, donc en changeant toute
la peſanteur de la pierre A eſt à la puiſſance H, comme H E à D : Or la raiſon de H
E à D eſt compoſée de celle de H E à E C,
& de celle de E C à D, c'eſt à dire de celle
de F B ou C B à B G, ce qu'il falloit de-
monſtrer.

ARTICLE III.

Quelle eſt la force des ſoliueaux paralleles à
l'Oriſon, & quelle longueur ils doiuent
auoir pour ſe rompre eux-meſmes.

IL eſt certain qu'vn ſoliueau, vne pou-
tre, vne colomne ou autre piece de

bois, ou de telle matiere qu'on voudra,
ont bien de la force pour refifter à la rupture, lors qu'on les felle dans quelque
muraille, & que l'on pefe deffus pour les
rompre ; or la figure B C F feruira pour

trouuer la force neceffaire pour rompre
toute forte de corps. Soit donc le foliueau, ou le prifme B D attaché à la muraille au poinct B : & que le poids E foit
attaché à l'extremité D. Or il faut fuppofer la force qui romproit ce foliueau en
le tirant perpendiculairement de haut en

bas,ou bien horizontalement de B en C, car l'vn reuiét à l'autre. Soit par exemple cette force de trois cens soixante degrez, ou le poids de trois cens soixante liures, ie dis premierement que ce prisme, tiré & forcé par le poids E au poinct D, se rompra contre la muraille au poinct B, car cette piece de bois B C doit estre comme vn leuier, qui a son soustien au poinct B. Cecy posé, ie dis que.

II. PROPOSITION.

La force appliquee en D est à la resistence de l'espesseur du soliueau, ou à l'attachement de la base B A, comme la longueur D B à la moitié de l'espesseur A B; & par consequent la resistence absoluë de ce soliueau, (c'est à dire sa resistence à estre rompu par vne traction perpendiculaire) est à sa resistence qu'il a consideree de trauers, par le moyen du leuier D B, comme la longueur D B à la moitié de l'espesseur B A.

MAis il faut supposer que la pe-santeur du prisme, ou du cylindre

n'eſt point icy conſiderée : car ſi on la
conſideroit, il faudroit ioindre la moitié
de la peſanteur B D au poids E. Or
il faut auoir recours à la figure de la
propoſition precedente, laquelle ſer-
uira encore à la quatrieſme propoſition.
Où il faut remarquer que cette figure
enſeigne la maniere de trouuer ſans
experience la force, ou la reſiſtance de
toutes ſortes de colomnes, ou de priſmes, lors qu'ils ſont tirez perpendiculairement de haut en bas, comme ie diray
à la fin de ce Liure. Car ie reuiens maintenant à noſtre ſujet, & dis que par
exemple, ſi ce ſoliueau peſe deux liures,
& le poids E dix liures, E vaudroit vnze
liures, d'autant que ſi le ſoliueau eſtoit
pendu au poinct D, il peſeroit ſes deux
liures : mais parce que ſa peſanteur eſt
eſgalement diſtribuée par toute la longueur BD, les parties proches de B peſent moins que les plus eſloignees, de
maniere que toutes les parties de ce ſoliueau ſe reduiſent à peſer ſeulement autant, que s'il eſtoit attaché au mitan du
leuier B D ; or le poids attaché au poinct
C a deux fois plus de force qu'au mitan

de B D, & partant il faut feulement adiouſter la moitié de la peſanteur de ce ſoliueau, ou d'vn cylindre donné, au poids
E : par conſequent E ioint à la peſanteur
B D, a la meſme puiſſance au poinct D,
qu'auroit vn double poids auec toute la
peſanteur de ce ſoliueau, s'il eſtoit appliqué au mitan dudit ſoliueau.

Il rapporte la reſiſtence d'vne regle à
ce priſme, laquelle il faut auſſi s'imaginer
eſtre arreſtée fermement par vn bout,
comme lors qu'elle eſt attachee à vne
muraille : & parce qu'elle eſt ordinairement plus large qu'eſpeſſe, il conclud ce
qui ſuit dans la troiſieſme propoſition,
à ſçauoir

III. PROPOSITION.

Qu'il faut vne force ou pesanteur d'autant plus grande pour la rompre par son espesseur, que par sa largeur, que cette largeur est plus grande que ladite espesseur.

IL faut icy supposer que le poids soit attaché à l'extremité de la regle, comme à celle du soliueau precedent. Or cette plus grande resistence procede de la plus grande multitude des fibres, ou des autres causes qui resistent : par exemple, soient les deux regles suiuantes de mes-

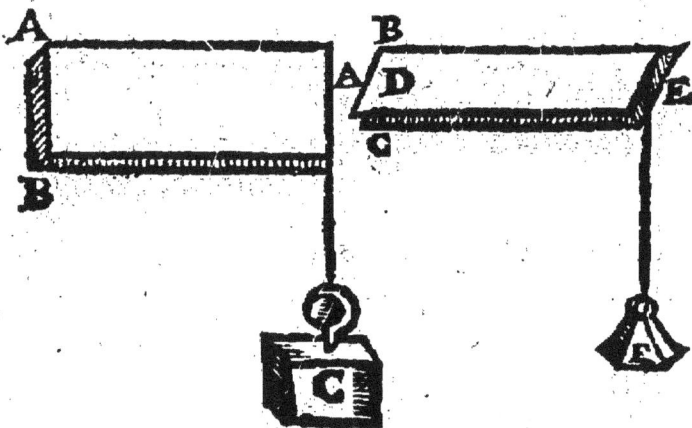

me longueur, largeur, espesseur, & ma-

tiere, & que la force C ſoit tellement appliquee à la premiere regle A B, qu'elle
preſſe ſur ſon eſpeſſeur, le poids C doit
eſtre d'autant plus grand pour la rompre
de ce ſens, que le poids F, qui la rompt
en preſſant ſur ſa largeur, comme l'on
voit à la ſeconde regle C E, que la largeur A B eſt plus grande que l'eſpeſſeur :
par exemple, ſi vne regle eſt dix fois
auſſi large qu'eſpeſſe, il faudra dix fois
autant de force ou de peſanteur pour la
rompre par ſon eſpeſſeur que par ſa longueur.

Il adiouſte en ſuite la comparaiſon de la
reſiſtence & de la peſanteur des priſmes
& des cylindres, & dit que leur peſanteur
comparee à leur reſiſtence

IV. PROPOSITION.

S'augmente en raiſon doublee de celle de
leurs allongemens.

COMME l'on voit au priſme, ou ſoliueau precedent B D, allongé iuſques en F G, par l'addition de la partie

CG. Or il eſt euident que le leuier C B

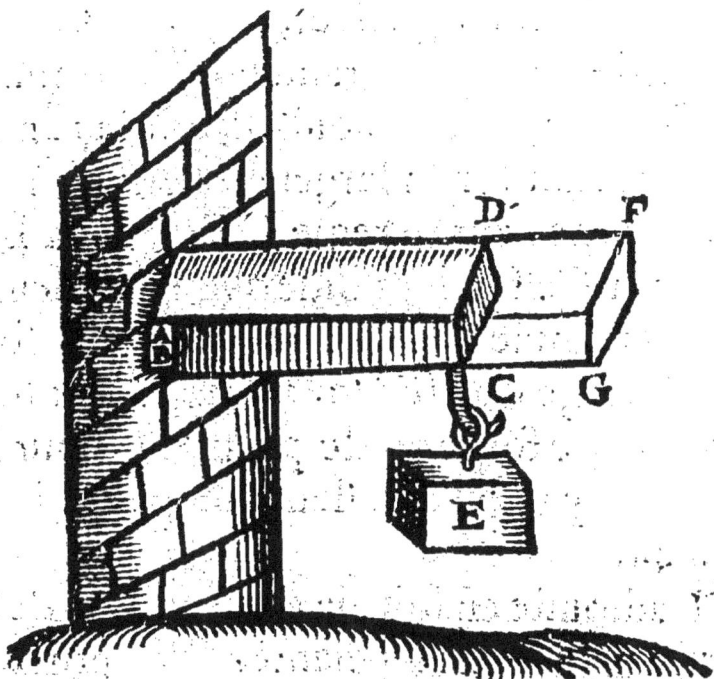

croiſt iuſques à G, & que la puiſſance qui
preſſe, & qui agit contre ſa reſiſtence,
pour le rompre en G, croiſt ſuiuant la
proportion de B G à B C. Et puis il faut
ioindre la peſanteur C F à celle de C B,
laquelle croiſt en meſme raiſon que G B
à B C, qui eſt la meſme raiſon des longueurs; d'où il eſt conſtant que ces deux
augmentations de la longueur & de la
peſanteur, eſtant adiouſtées, compoſent
vne raiſon des deux, laquelle eſt en raiſon

doublee de chacune d'icelles; de forte
qu'il faut conclure

V. PROPOSITION.

*Que la force des prifmes & des cylindres
efgaux en groffeur, & inefgaux en lon-
guenr, font entr'eux en raifon doublee de
leurs longueurs ; c'eft à dire qu'ils font
comme les quarrez de leurs longueurs.*

ARTICLE IV.

*De la refiftance des prifmes & cylindres, tant
efgaux en longueur & inefgaux en groffeur, qu'efgaux en groffeur, & inefgaux en
longueur : & fi vne chorde fe romps plus
aifément quand elle eft plus longue.*

L'Autheur determine premierement
la force des cylindres d'efgale longueur
& d'inefgale groffeur par la propofition
qui fuit.

VI. PROPOSITION.

Lors que les cylindres ou les prifmes efgaux
en longueur different en groffeur, leur re-
fiftance eft en raifon triplee des diametres
de leurs groffeurs, ou de leurs bafes.

CE qu'il prouue apres auoir confideré la refiftance abfoluë perpendiculaire, qui refide en leurs bafes, car plus
la bafe eft grande, & plus elle refifte à la
force qui la violente, parce qu'elle a dautant plus de fibres, ou de filaments, ou de
colle naturelle, qui lie les parties du
folide.

Mais fi outre cela nous confiderons la
refiftance du cylindre mis de trauers, en-
tant qu'il fert de leuier, nous auons dans
ces figures les leuiers D G & F H, dont
les fouftiens font aux points
D & F, & de l'autre cofté où
font les refiftances l'on a les
diametres des bafes ou des
cercles, H K, & I G. Où il
faut confiderer tous les filaments

ments ou fibres de ces bases, comme s'ils
estoient reduits aux centres desdites bases. Cecy posé, l'on trouuera que la resistance de la base H K contre la force F,
est d'autant plus grande que celle de la
base G I contre la force D, (lesquelles
forces sont esgales à cause de leurs leuiers esgaux) que la moitié du diametre
K H est plus grande que la moitié du diametre G I.

C'est pourquoy la resistance du cylindre F K surpasse celle du cylindre D G,
selon l'vne & l'autre raison des cercles H
K, & G I, & de leurs demidiametres, ou
de leurs diametres : Or la raison des cercles H K & G I, est doublee de celle de
leurs diametres, donc la raison composee des deux precedentes, est triplee de
celle disdits diametres, donc les resistances des cylindres sont entr'elles comme
leurs cubes sont à leurs diametres.

D'où il conclud que les resistances de
ces cylindres sont en raison sesquialtere
de celle des mesmes cylindres, puis que
les cylindres de mesme hauteur sont entr'eux comme leurs bases, c'est à dire en
raison doublee de leurs diametres, & que

I

la reſiſtance eſt en raiſon triplee des meſmes diametres ; de ſorte que ſuiuant la
maniere de parler de Galilee, la raiſon
de la reſiſtance eſt ſeſquialtere de celle
des ſolides,& en ſuite de leurs peſáteurs.
Voyez ce que i'ay dit dans le premier
Liure,article dix-huiĉtieſme pour l'explication de ce langage.

Apres tout cecy, il prouue que la chorde A B attachee en haut au poinĉt A, ne
ſe doit pas pluſtoſt rompre
au poinĉt E, que dans vn
autre tel qu'on voudra, car
ſi l'on dit que le poids C
ioint au poids de la chorde
B E, le rompt en E, il reſpond que ſi le poids C eſt
attaché proche d'E, par
exemple au poinĉt F, ou
que la chorde ſoit attachee
au poinĉt F,le poinĉt F ſen-
tira ou portera le meſme
poids C, pourueu que l'on
y adiouſte la peſanteur de
la chorde B E: & partant

VII. PROPOSITION.

*La chorde se rompt par vne esgale force, quel-
que longueur qu'elle puisse auoir.*

OR apres qu'il a consideré les prifmes differens en longueur, ou en
groſſeur, il vient à ceux qui different en
ces deux dimenſions, & forme propoſition ſuiuante en leur faueur.

VIII. PROPOSITION.

*Les reſiſtances des priſmes & des cylindres
ineſgaux en groſſeur & longueur ſont en
raiſon compoſée de celle des cubes à leurs
diametres, & de celle de leurs longueurs
priſe à rebours.*

CE qu'il demonſtre ainſi; que le cylindre E G ſoit eſgal en longueur

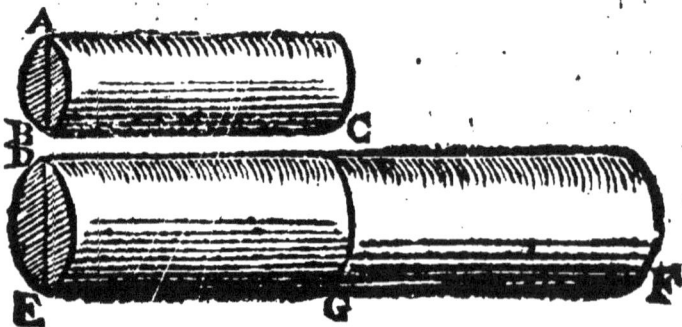

au cylindre BC, & que la ligne H ſoit

I ij

moyenne proportionnelle entre A B, &
D E; qu'I foit la quatriefme proportionnelle , & puis
que I foit à S,
comme E F eft
à B C. Et parce
que la refiftáce
du cylindre C A eft à celle de D G, cóme
le cube A B au cube D E, ou comme la
ligne A B à I, & que la refiftance du cylindre D G eft à celle de D F, comme la
longueur FE à GE, ou comme I à S, donc
comme la refiftance d'A C à celle de D F,
ainfi la ligne A B à S, mais A B eft à S en
raifon cópofee d'A B à I, & d'I à S; donc
la refiftance d'A C à la refiftance de D F,
eft en raifon compofee de la raifon d'A B
à I, ou du cube d'A B à celuy de D E, &
de la raifon d'I à S, ou de la longueur d'E
F à celle de B C; ce qu'il falloit prouuer.

Cecy pofé, il confidere encore deux
cylindres, ou prifmes femblables, en faueur defquels il donne cette propofition
fuiuante, à laquelle nous ferons feruir la
mefme figure.

A —— B
D ————— E
H ——————
I ———————————
S ————————

IX. PROPOSITION.

Les forces des cylindres semblables composées de leurs pesanteurs, & de leurs longueurs comparees à des leuiers, sont entr'elles en raison sesquialtere de celle des resistances de leurs bases.

SOIENT les cylindres semblables E F & C A, ie dis que la force qu'a le cylindre E F pour vaincre la resistance de sa

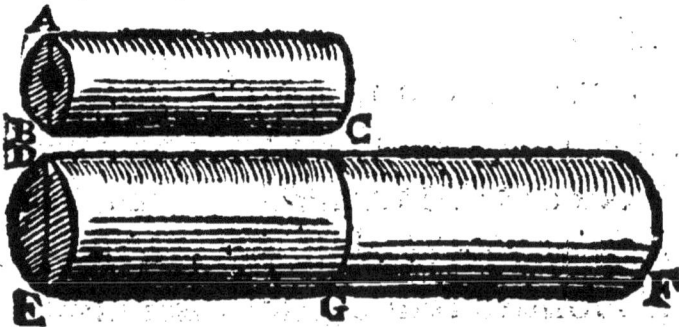

base D E, est à la force qu'a ce cylindre B C pour rompre sa base B A, en raison sesquialtere de la resistance de la base D E à la resistance de la base B A : & parce que les forces des solides D F & C A, à l'esgard de la resistance de leurs bases B A, & D E, sont composées de leurs pesan-

I iij

teurs, & de la force de leurs leuſers, &
que la force du leuier D F eſt eſgale à celle du leuier C A, & que la longueur E F a
meſme raiſon au demidiametre de la baſe D E, que la longueur B C au demidiametre de la baſe B A , il s'enſuit que la
force entiere du cylindre D F, eſt à celle
de B C, comme la ſeule peſanteur E F, à
la ſeule peſanteur B C, ou comme le cylindre D F au cylindre A C. Or ils ſont
en raiſon triplee des diametres de leurs
baſes A B & D E ; & les reſiſtances deſdi-
tes baſes ſont entr'elles, comme les meſmes baſes, qui ſont en raiſon doublee de
leurs diametres, dõc les forces des cylindres ſont en raiſon ſeſquialtere de la reſiſtance de leurs baſes ; de ſorte que les
reſiſtãces des ſolides ſemblables ne ſont
pas ſemblables : c'eſt pourquoy les plus
grands ſolides reſiſtent moins aux acci-
dens exterieurs ; par exemple, vn grand
homme ſe bleſſe plus fort en tombant,
que ne font les enfans, & vne grande colomne tombant de bien haut ſe briſe, ce
qui n'arriue pas à vne fort petite colomne. De là vient qu'entre vne infinité de
ſolides ſemblables l'on n'en trouue point

deux qui ne foient differens en leur re-
fiſtance : comme l'on verra encore plus
clairement dans l'article fuiuant.

REMARQVE.

I'ay expliqué dâs le dix-huiċtiefme article du premier Liure, cóme quoy reſte
la raiſon fefquialtere apres que l'on a oſté
la raiſon doublee de la triplee;& comme
la raiſon doublee eſt double, & la triplee
eſt triple; afin que cette maniere de parler ne trouble perſonne.

ARTICLE V.

Qu'il n'y a qu'vn ſeul cylindre entre vne in-
finité de ſemblables, qui puiſſe eſtre d'vne
meſme grandeur, ſans ſe rompre de ſoy-
meſme.

I Amais cette difficulté n'auoit eſté pro-
poſee par aucun que ie ſcache, c'eſt
pourquoy elle merite vne propoſition
particuliere.

X. PROPOSITION.

Entre les cylindres, & les prismes semblables en pesanteur, il n'y en a qu'vn seul & vnique, qui se reduise à l'estat de ne pouuoir plus subsister sans se rompre, de sorte que tout autre tant soit peu plus grand se rompra par son propre poids, & que tout autre plus petit pourra encore resister à quelque force.

SOIT le prisme A B reduit à l'extremité de sa longueur, de sorte que le moindre allongement le fasse rompre, ie dis qu'il est le seul & l'vnique, entre vne infinité de semblables, qui puisse estre reduit à cette extremité; parce que tout autre semblable plus grand se rompra par son propre poids, & tout autre semblable plus petit resistera encore à quelque force, outre sa propre pesanteur. Soit donc premierement le prisme C E, plus grand que B A, ie dis que C E ne peut subsister sans se rompre par sa propre pesanteur. Posons que la partie D est esgale à B A.

Et parce que la refiftance de C D à celle de B A,

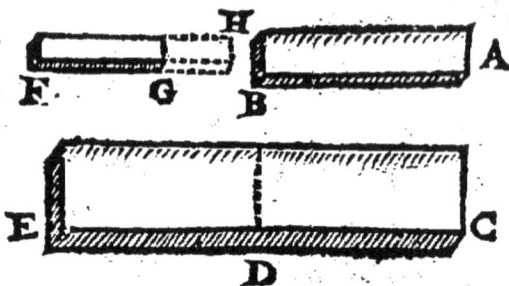

eft comme le cube de la groffeur de C D au cube de la groffeur d'A B, ou comme le prifme C E au mefme prifme A B, qui font femblables, il s'enfuit que la pefanteur de C E eft la plus grande qui puiffe eftre fouftenuë par la longueur du prifme CD; or la longueur C E eft plus grande, donc le prifme C E fe rompra.

Soit en fecond lieu, F G le moindre prifme, l'on demonftre auffi (fuppofé que F H foit efgal à B A) que la refiftance de F G eft à celle d'A B, comme le prifme F G au prifme A B, quand la diftance A B, c'eft à dire F G, eft efgale à F G ; Or elle eft plus grande, donc la force du prifme F G mife en G n'eft pas affez grande pour rompre le prifme F G.

D'où il faut conclurre que l'on ne doit pas garder la fimilitude entre les folides, pour reduire tant de corps que l'on vou-

dra, au meſme eſtat de reſiſtance, mais la
propoſition qui ſuit monſtre comme l'on
y doit proceder.

XI. PROPOSITION.

*Vn cylindre ou priſme eſtant donné de la plus
grande longueur qu'il puiſſe auoir ſans ſe
rompre par ſa propre peſanteur ; & vne
plus grande longueur eſtant donnee, trouuer la groſſeur d'vn autre cylindre, ou priſme, qui ſoit le ſeul, & vnique plus grand
ſous cette longueur donnee, qui puiſſe reſiſter à ſa propre peſanteur.*

Il faut encore ſuppoſer la figure des
cylindres qui ſont dans la 9. propoſition,
laquelle on peut remettre à la marge du
Liure ; mais afin d'oſter ce labeur, l'on
trouuera vne fueille au commencement
du Liure, qui ſe deſployra & contiendra les figures qui ſe doiuent repeter.

QVE B C ſoit le plus grand cylindre pour reſiſter à ſa peſanteur, &
que F E ſoit la plus grande longueur donnee, il faut trouuer quelle groſſeur doit

estre iointe à la longueur D E, pour estre
reduite à l'extremité de sa resistance,
comme est B C. Que I soit troisiesme
proportionnelle de D E & A C, & comme D E est à I, ainsi le diametre D F au diametre B
A, & soit le cylindre F E, ie
dis qu'il est l'vnique entre
tous ses semblables, qui puisse resister à
sa pesanteur.

I ————————
M ——————
O ————

Que M soit la troisiesme proportionnelle à D E, & I, & que O soit la quatriesme proportionnelle, & que F G soit égale
à C A. Et parce que le diametre F D est
au diametre A B, comme la ligne D E à I,
& que O est la quatriesme proportionnelle, le cube de F D sera au cube de B A,
comme D E à O : mais comme le cube de
F D à celuy de B A, ainsi la resistance du
cylindre D G à celle de B C, donc la resistance du cylindre D G à celle de B C,
est comme la ligne D E à O. Et parce que
la force du cylindre B C est esgale à sa resistance, si ie monstre que la force du cylindre E F est à celle du cylindre B C,
comme la resistance de D F à celle de B
A, ou comme le cube de F D à celuy de

B A, ou commé la ligne D E à O, i'auray
ce que ie demande, c'eſt à dire que la force du cylindre F E ſera eſgale à la reſiſtance de F D.

La force du cylindre F E eſt à celle du
cylindre D G, comme le quarré de D E à
celuy de C A, c'eſt à dire comme la ligne
E D à I, mais la force du cylindre D G,
eſt à celle du cylindre B C, comme le
quarré de D F au quarré de B A, ou comme celuy de D E à celuy d'I, ou comme
celuy d'I à celuy de M, c'eſt à dire comme I à O, donc par l'eſgalité de raiſon,
comme la force du cylindre F E à celle
du cylindre B C, de meſme la ligne D E à
O, ou comme le cube de D F à celuy de
B A, ou comme la reſiſtance de la baſe
D F à celle de la baſe B A, qui eſt ce que
l'on cherchoit.

Autre demonſtration de la meſme pro-
poſition.

SO I T le cylindre H I, dont la baſe eſt
G H, le plus grand qui puiſſe ſouſte-
nir ſon propre poids auant que de ſe

rompre, l'on en trouuera vn autre plus

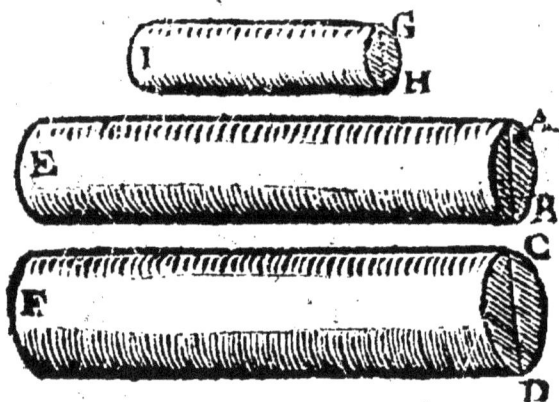

long qui aura la mefme proprieté en cette
te façon. Soit donc, par exemple, la
longueur donnee E B, & que le diametre de la bafe foit A B, fi l'on fait C D troi-
fiéfme proportionnelle à G H & A B, laquelle ferue de diametre au cylindre F D,
de mefme longueur que B E, le cylindre
F D fera celuy que nous cherchons. Et
parce que la refiftance G H eft à celle de
B A, comme le quarré de G H au quarré
de B A, ou comme celuy de B A à celuy
de C D, ou comme le cylindre B E au cylindre D, ou comme la force d'A E a celle de F D. Et que la refiftance B E eft à
celle de D F, comme le cube de B A au
cube de C D, ou comme la force G I, à
celle de B E, il s'enfuit par la proportion

inuerſe, que la force G I eſt à celle de CF,
comme la reſiſtance de G I à celle de F D,
donc le cylindre, ou le priſme F D a meſme raiſon à ſa reſiſtance ou peſanteur, que
G I à la ſienne. Mais l'article qui ſuit fait
encore la propoſition plus generale.

ARTICLE VI.
XII. PROPOSITION.

*Le cylindre A C eſtant donné de telle force,
ou reſiſtance, que l'on voudra, & la longueur, D E priſe telle qu'on voudra, trouuer la groſſeur du cylindre de cette longueur,
D E, lequel ait meſme raiſon à ſa reſiſtance, qu'a la force du cylindre A C à la ſienne.*

Il faut encore ſuppoſer la figure des
cylindres qui ſont dans la 9. propoſition,
laquelle on peut remettre à la marge du
Liure ; mais afin d'oſter ce labeur, l'on
trouuera vne fueille au commencement
du Liure, qui ſe deployra & contiendra
les figures qui ſe doiuent repeter.

PVISQVE la force du cylindre FE a
meſme raiſon à celle de la partie DG,
que le quarré E D au quarré F G, comme

l'on voit dans la dixiefme propofition, &
que la force du cylindre F G eft à celle du
cylindre A C comme le quarré de F D à
celuy de A B, la force du cylindre F E a
mefme raifon au cylindre A C que le cube de F D au cube d'A B, ou que la refiftance de la bafe F D à celle d'A B; ce qui
fe deuoit faire. D'où il conclud, que l'on
ne peut faire des nauires, des palais, des
temples, des rames, des violes, des chaif-
nes de fer, ou autre artifice d'vne grandeur femblable iufques à vne grandeur
propofee; & que les arbres, les hommes,
& les autres animaux, ne peuuent arriuer
à vne grandeur immenfe, quoy que pro-
portionnee à l'ordinaire, fans fe corrom-
pre d'eux-mefmes par leurs propres maf-
fes, & pefanteurs : ce qu'il fait voir par
vn os qui eft feulement en raifon triplee
d'vn autre : de forte qu'vn geant ne peut
faire les fonctions d'vn homme, ny fub-
fifter, fi fes os eftant proportionnez ne
font d'vne matiere beaucoup plus dure,
& plus refiftante. Au contrire, l'on voit
que la force ne fe diminuë pas en mefme
proportion que les corps fe diminuent,
mais qu'elle s'augmente : de là vient

qu'vn petit chien en peut porter deux autres, quoy qu'vn cheual euſt de la peine à porter vn ſeul cheual de ſa grandeur.

Quant aux baleines, & autres gros poiſſons, la nature a pourueu que leurs os & leur chair ne fuſſent pas ſi peſans que ceux des animaux terreſtres, & puis ils ne s'appuyent pas ſur leurs membres comme font ceux-cy. Mais ie laiſſe cette conſideration pour venir à vne autre excellente propoſition.

XIII. PROPOSITION.

Vn priſme ou cylindre eſtant donné auec ſa peſanteur, & auec le plus grand poids qu'il puiſſe porter, trouuer la plus grande longueur qu'il puiſſe auoir, ſans ſe rompre par ſa propre peſanteur.

SOit donné le priſme A C auec ſa peſanteur, & ſemblablement D pour le plus grand poids que ce priſme puiſſe porter attaché au poinct C, il faut trouuer la plus grande longueur que le ſuſdit priſme puiſſe auoir auant que de rompre,

faiſons

faifons que comme la pefanteur du prif-

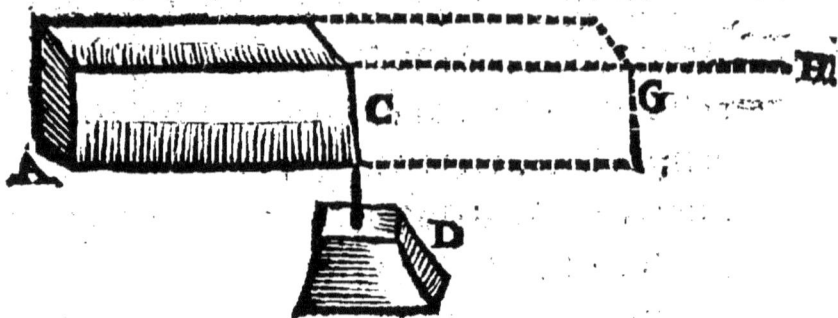

me A C compofee de fa pefanteur, &
deux fois autant de pefanteur qu'a le
poids D, ainfi la longueur C A à celle de
H A, entre lefquelles foit A G moyenne
proportionnelle, laquelle donne la longueur cherchee du prifme; parce que la
force du poids D en C eft efgale à la force d'vn double poids attaché au milieu
d'A C, lequel eft le centre de pefanteur
du prifme A C, donc la force de la refiftance du prifme A C attaché au poinct
A, eft efgalé à la double pefanteur du
poids D iointe à la pefanteur d'A C, lors
que le poids double de D eft attaché au
milieu d'A C: & parce que comme ce
poids ainfi fitué, c'eft à dire comme le
double du poids D auec la pefanteur d'A
C eft à la pefanteur A C, ainfi H A à C A,
entre lefquelles A G eft moyenne propor-

K

tionnelle, il s'enfuit que le poids double
de D ioint à la pefanteur A C eft à la pefanteur H C, comme le quarré de G A à
celle d'A C : mais la force preffante du
prifme G A eft à celle d'A C, comme le
quarré G A au quarré A C, donc A G eft
la plus grande longueur que l'on puiffe
donner au prifme A C, ce qu'il falloit
trouuer.

ARTICLE VII.

De la force des cylindres, lors qu'ils ne font
plus attachez à vn mur, comme les prece-
dens , mais qu'ils portent feulement fur
quelque appuy dans vn poinct pris au mi-
lieu, ou entre leurs extremitez.

APRES auoir confideré la force des
prifmes & cylindres attachez par
vn feul bout, afin d'appliquer le poids à
l'autre bout, il faut voir quelle eft leur
force, ou refiftance lors qu'ils font fouftenus par leurs deux bouts, ou feulement par quelque poinct pris entre leurs
extremitez.

XIV. PROPOSITION.

Ie dy donc premierement qne le cylindre pesant sur soy-mesme sera reduit à sa plus grande longueur qu'il puisse auoir auant que de se rompre, soit qu'on l'appuye par ses deux extremitez, ou seulement droit au milieu, lors qu'il sera deux fois aussi long que celuy qui est seellé dans vn mur, ou autrement attaché par l'vne de ses extremitez.

CO ᴍᴍ ᴇ l'on voit en cette figure, car B A C represente vn cylindre rompu au poinct A, ne pouuant se soustenir

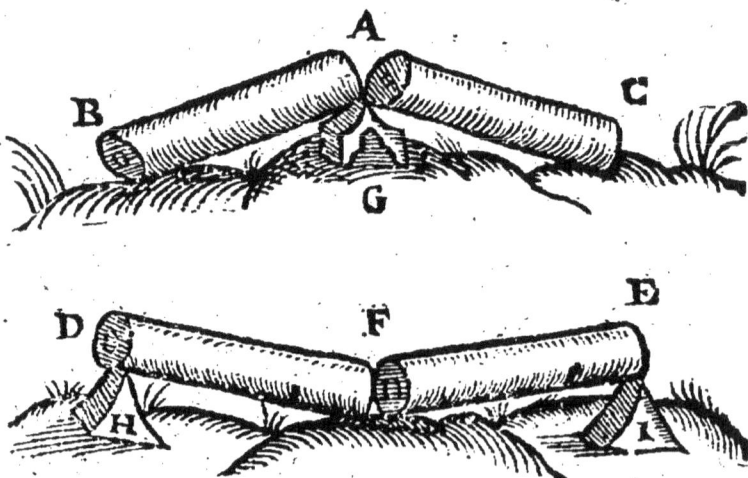

sur le soustien du milieu G lors qu'il a la

longueur B C. Or ce fouſtien repreſente
le mur, auquel on l'attacheroit, il fou-
ſtiét BC & D E de meſme que s'ils euſſent
eſté attachez ſur l'appuy G. La meſme
choſe arriue au cylindre D E appuyé par
les deux extremitez ſur les appuis D H &
E I, car ſi toſt que ſa moitié D F ſera ſi
longue qu'elle ne pourra ſubſiſter fichee
dans vn mur, au autrement, attachee au
bout D, elle ſe rompra au milieu. Ce qui
ſert pour ſçauoir la force des bancs, des
tables, des barres, des poutres, & ſoliueaux, & de tout ce qui s'appuye ſur les
deux extremitez.

Mais la queſtion que touche Ariſtote
en vn ſens, eſt plus difficile, la prenant
vniuerſellement, à ſçauoir quelle force
peut rompre vn baſton ou cylindre que
l'on prend par les deux extremitez auec
les deux mains, en l'appuyant ſur le genoüil, car la queſtion eſt reduite au leuier, lorſque les deux mains ſont eſgalement eſloignees du mitan, ſoit qu'elles
en ſoient peu ou beaucoup eſloignees;
mais lors qu'elles en ſont ineſgalement
eſloignees, il ne faut pas s'imaginer que
la rupture ſoit auſſi aiſee que lors que

leur efloignement eft efgal. Comme l'on

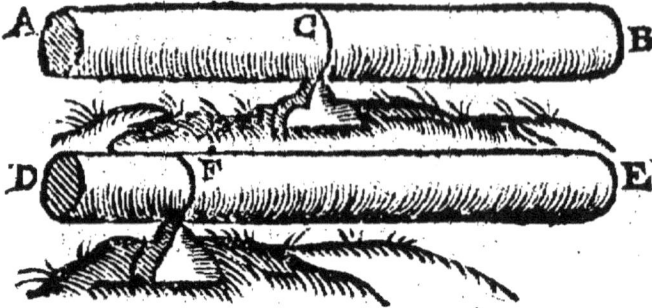

voit au cylindre A B qui fe rompt par le
milieu au poinct C : mais fi le genoüil ou
l'appuy du mefme cylindre marqué par
D E eft au poinct F, il faut beaucoup plus
de force pour le rompre ; car les forces A
& B font departies efgalement, mais la
diftance D F diminuant, la force mife en
D eft moindre que lors qu'elle eft en A,
fuiuant la raifon de la ligne D F à C A, &
partant elle doit eftre augmentee pour
eftre efgale à la refiftance F, ou pour la
furpaffer.   Mais la diftance D F fe peut
diminuer à l'infiny à l'efgard de celle d'A
C, donc la force qui doit eftre mife en D
pour eftre efgale à la refiftance F peut
croiftre à l'infiny.   Au contraire plus F E
deuient plus grand que C B, & plus la
force E efgale à la refiftance F doit eftre
diminuee : Or cette diftance F E compa-

K iij

rce à la distance C D ne peut croistre à
l'infiny, quoy qu'on approche tant qu'on
voudra F vers D, car elle ne peut estre
deux fois plus grande, partant la force
mise en E pour esgaler la resistance F sera
tousiours plus de la moitié de la force mise en B : D'où il est aisé de conclure qu'il
faut tousiours augmenter à l'infiny la force coniointe consideree en E & D, à proportion que F s'approche de D. Or la
proposition qui suit monstre combien il
faut plus de force pour rompre ces cylindres, suiuant le poinct different pris entre leurs extremitez, auquel l'appuy est
appliqué.

ARTICLE VIII.

De la force necessaire pour rompre vn baston
sur le genoüil, en le prenant par les deux
extremitez, auec les deux mains, & en
mettant le genoüil en tel lieu qu'on voudra
pris entre lesdites extremitez.

XV. PROPOSITION.

Ayant marqué deux points entre les extremi-
tez d'vn cylindre, par lesquels sa rupture
se doit faire, les resistances de ses points se-
ront entr'elles comme les rectangles faits
des distances desdits points prises contrai-
rement.

QV'A B soient les moindres forces
pour rompre le cylindre au poinct
C, & E F soient les moindres pour le rompre au poinct C, ie dis que la force A B a
mesme raison à celle d'E F, que le rectangle A D B au rectangle A C B, parce que
la force A B est à la force E F en raison

compofee de la force A B à celle de B à

F, & de celle de F à F E ; mais comme la
force A B à celle de B , ainfi la longueur
B A à A C, & comme la force B à F, ainfi
la ligne D B à B C, & comme la force F à
F E, ainfi la ligne D A à A B, donc la force A B à la force E F eft en raifon compofee des trois fufdites, à fçauoir de la ligne B A à A C, de D B à B C, & de D A à
A B. Mais des deux D A à A B, & d'A B
à A C, fe compofe la raifon de D A à AC,
donc la force A B à celle d'E F eft en proportion compofee de celle de D A à A C,
& de celle de D B à B C. Or le rectangle
A D B à celuy d'A C B eft en proportion
compofee de la mefme D A à A C, & de
D B à B C, donc la force A B à E F mefme raifon que le rectangle A D B à celuy
d'A C B : c'eft à dire que la refiftance que
le cylindre a pour eftre rompu en C, eft à

celle qu'il a pour estre rompu en D, comme le rectangle A D B à celuy d'A C B,
ce qu'il falloit prouuer. D'où depend la
solution du Probleme qui suit.

XVI. PROPOSITION.

Le poids estant donné pour rompre vn cylin-
dre, ou vn prisme droit au milieu, où sa re-
sistance est la moindre de toutes, vn autre
plus grand poids estant donné, trouuer le
poinct du cylindre, où ce plus grand poids
fasse le mesme effet que le precedent.

QVe ce plus grand poids soit au premier comme la ligne E à F, il faut
trouuer vn poinct dans le cylindre auquel le poids soit soustenu comme le
plus grand : soit prise la mesme proportionnelle G entre E F, & que A D soit
à S comme E à G, S sera moindre qu'AD.
Soit A D le diametre du cercle A H D,
dans lequel soit appliquee A H esgale à
S, & iointe H D, à laquelle soit faite esgale D R, ie dis que le poinct R est celuy
que nous cherchions, auquel le second

plus grand poids fera le mefme effet que

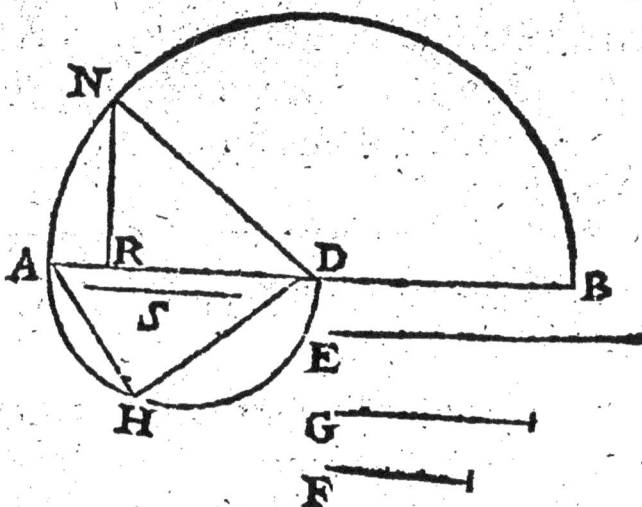

le premier D mis au milieu. Soit fait le
diametre fur A D moitié d'A B , & foit
tirée la perpendiculaire R N, & iointe N
D. Et parce que les deux quarrez N R,
R D font efgaux à celuy de N D, ou AD,
c'eft à dire aux deux quarrez A H, H D, &
H D eft efgal au quarré D R , il s'enfuit
que le quarré N R, ou le rectangle A R B
fera efgal au quarré A H, c'eft à dire au
quarré S. Or le quarré S eft à celuy d'A
D, comme F à E, ou comme le plus grand
poids en D au fecond plus grand poids,
donc ce fecond poids fera en R ce que le
premier grand foifoit en D, qui eft ce que
nous cherchions.

Il refte feulement à trouuer la figure

Cette fueille contient les figures qui n'ont peu se repeter, ou qui ont esté oubliees dans les Propositions : pour lesquelles elle seruira en l'ouurant & en la desployant.

I. Pour la 139. page & les suiuantes, & pour la 143.

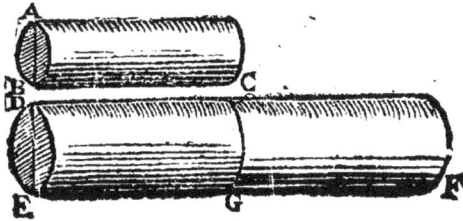

II. Pour la page 155.

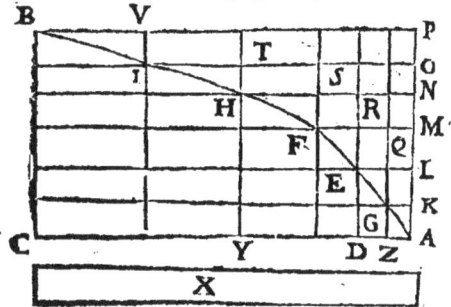

III. Pour la page 216. & les suiuantes.

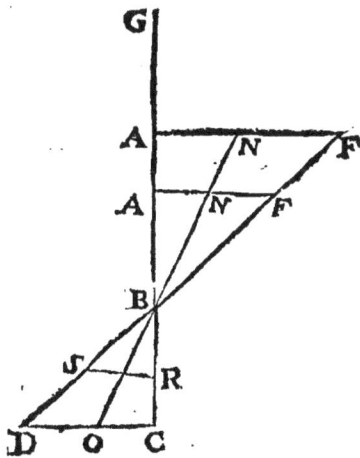

IV. Pour la page 206. &c.

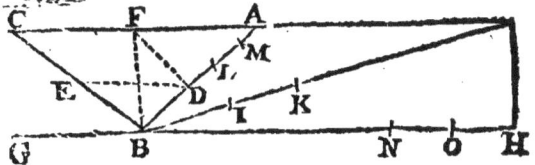

V. Pour la page 240. 243. &c.

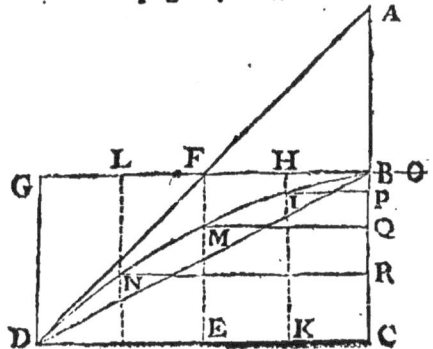

que doit auoir vn solide pour resister esgalement en toutes ses parties, de sorte
qu'il rompe aussi aisément par vn mesme
poids dans chaque lieu où l'on le mettra:
ce que nous ferons dans l'article qui suit.

ARTICLE IX.

*De la figure que doit auoir le solide pour se
rompre esgalement en tel poinct que l'on
voudra : lequel doit estre parabolique.*

SI l'on s'imagine le prisme ou soliueau
B P C A, la ligne parabolique marquee
de B à A, dónera la figure du solide A B C,
qui se rompra aussi aisément par le poids
appliqué au poinct I ou Y, comme au
poinct A, où en tel autre lieu qu'on voudra. Or il est aisé de marquer cette ligne
en poussant tellemét vne boule du poinct
B sur la surface de ce prisme vn peu pen-
chant sur l'orison du costé de C A, qu'elle aille finir son mouuement en A, car elle
marquera cette ligne s'il y a vn peu de
poussiere sur le plan B P C A, ou bien l'on
aura cette figure en laissant pancher vne

petite chaisne sur deux clous attachez
horizontalement à vn mur perpendiculairement à l'orison, laquelle descrira
vne parabole entiere, dont la moitié donnera la ligne A B.   L'autheur monstre
quantité de belles choses de cette ligne
dans deux figures particulieres. Il est
aisé de ponctuer la ligne marquee par la
chaisne, sur du papier, pour transporter
la moitié de cette parabole, c'est à dire B
F A, sur le prisme, duquel on veut oster le
solide parabolique.   Où il faut remarquer que le triangle mixteragne A P B
circonscrit à la demie parabole A B C est
le tiers du prisme C A P, comme il prouue en monstrant qu'il n'est ny plus grand
ny plus petit que ledit tiers.

　Mais la chose merite bien d'estre expliquee plus au long, & pour ce sujet ie
mets icy son Lemme, qui vaut bien vne
bonne proposition.

LEMME.

Si l'on a deux balances, ou deux leuiers telle-
ment diuifez par leurs fouftiens, que les
deux diftances, où les deux puiffances font
appliquees, foient en raifon double des di-
ftances où font les refiftances, & que ces re-
fiftances foient entr'elles comme leurs di-
ftances, les puiffances qui fouftiennent fe-
ront efgales.

SOIENT les deux leuiers A B, & C D,
tellement diuifez par leurs fouftiens E
F, que la diftance E B foit à la diftance F
D, en raifon double de la diftance E A à
la diftance F C, ie dis que les puiffances
mifes en B & D fouftiendront les refiftances A & C, pour eftre efgales entr'-
elles.

Que G E foit moyenne proportionnelle entre B E, & D F, donc comme B E
à G E, ainfi G E à D F, & A E à C F, & la
refiftance d'A à celle de C. Et parce que
cóme G E à D F, ainfi A E C F, il s'enfuit

qu'en changeant, G E eſt à E A, comme

D F à F C; & partant (puis que les leuiers
ſont diuiſez proportionnellement aux
poincts F E,) quand la puiſſance qui eſt
en D, laquelle eſt eſgale à la reſiſtance de
C, ſera en G, elle ſera eſgale à la meſme
reſiſtance de C en A ; mais la reſiſtance
d'A eſt à celle de C, comme E A eſt à C
E, ou B E à G E, donc la puiſſance G, ou
D miſe en B, ſouſtiendra la reſiſtance miſe en A, ce qu'il falloit prouuer.

Cecy eſtant poſé, ſoit deſcrite la ligne
hyberbolique B H A, ſur le coſté du priſme B P C A, de laquelle le ſommet ſoit
A, & que le priſme ſoit coupé par cette
ligne, de ſorte qu'il ne demeure que le
ſolide B C A, compris par la baſe du priſme B C, & par la ligne courbe B I H F E
A, ie dis que ce ſolide reſiſtera par tout
eſgalement. Que la ſection Y H ſoit parallele à D C, & ſoient entendus deux

leuiers fouftenus par A C, de forte que
la diftance de l'vn foit A C, C B, & de
l'autre A Y & Y Z; parce que dans la parabole B A C, C A eft à A Y, comme le

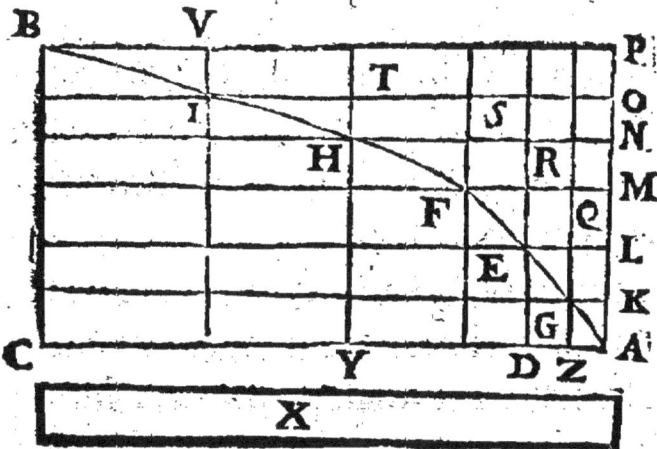

quarré de B C au quarré Y H, il eft euident que la diftance du leuier A C, eft à
la diftance de l'autre A Y, en raifon double de la diftance C B, à celle de H Y. Et
parce que la refiftance efgale au leuier G
A eft à celle qui eft efgale au leuier A Y,
en mefme raifon que le rectangle B C au
rectangle H Y, qui eft la mefme raifon
que celle de B C à C Y, qui font les deux
diftances des leuiers, il eft euident par le
Lemme precedent, que la mefme force,
qui appliquee à la ligne Z, eft efgale à la

refiftance B C, fera auffi efgale à la refiftance H Y. L'on monftrera la mefme
chofe de tel autre poinct qu'on voudra,
pris dans cette ligne parabolique, donc
ce folide parabolique refiftera par tout
efgalement.

Or il eft certain que ce qui refte du
prifme, apres cette fection, ou retranche-
ment conique, eft le tiers dudit prifme,
parce que la demie parabole B A C, & le
rectangle B A, font les bafes de deux folides compris par deux plans paralleles,
qui font en mefme raifon que leurs bafes; Mais le rectangle B A eft fefquialtere de la demie parabole B H A C, donc
apres l'auoir coupee, il ne refte que le
tiers du prifme.

COROLLAIRE.

L'vtilité de ce folide parabolique eft
tres grande, pource que l'on peut diminuer la pefanteur des foliueaux , & de
tout ce qui fert en cette qualité à l'archi-
tecture, de trente-trois liures pour cent,
fans en diminuer la force ; ce qui peut
encore

encore s'accommoder aux nauires, &
dans les autres machines, où la legereté
est grandement requise, & recomman-
dee, car elle est de tres-grande impor-
tance : de sorte que si les Architectes &
les autres artisans sçauent vser de tous les
auantages de la parabole, ils surpasseront
tout ce que l'on a veu iusques à present,
& feront que tous apprendront l'vsage,
& la beauté des trois sections Coniques,
à sçauoir de la parabole, qui sert pour les
miroirs, & de l'hyperbole, & l'elypse
qui donnent les figures propres pour faire des lunettes de longue & de courte
veuë, des meilleures de toutes les possi-
bles, sans parler de ce qu'elles peuuent
apporter aux concerts, dont i'ay parlé
tres-amplement ailleurs.

ARTICLE X.

De la force ou resistance des cylindres creusez,
comparee à celle des cylindres pleins &
solides.

L'A I R & la nature se seruent de cylindres creusez, comme l'on experimen-

te aux canaux des fontaines, aux arque-
bufes, cannes, ou rofeaux, aux os des
oyfeaux, aux efpics de bled, & en mille
fortes de chalumeaux, qui monftrent les
effets de la nature , comme fi elle co-
gnoiffoit que par ce moyen la force s'augmente fans augmenter la pefanteur. Car
vn tuyau creufé, foit de bois, de metail,
ou d'autre matiere eft beaucoup plus fort
qu'vn cylindre d'efgale longueur & pefanteur, & par ce moyen l'on peut faire
les lances plus fortes, quoy que plus legeres, comme l'on voit dans les propofitions qui fuiuent.

XVII. PROPOSITION.

*Deux cylindres efgaux, & d'efgale longueur,
dont l'vn eft creux, & l'autre plein & folide, font entr'eux en mefme raifon que les
diametres de leurs bafes.*

IE me fers de la figure des cylindres de
la treiziefme propofition pour expliquer celle-cy, qui n'a befoin que des
deux plus grands cylindres, defquels il

faut maintenant fuppofer que le plus gros F D eft vuide, &que celuy du milieu

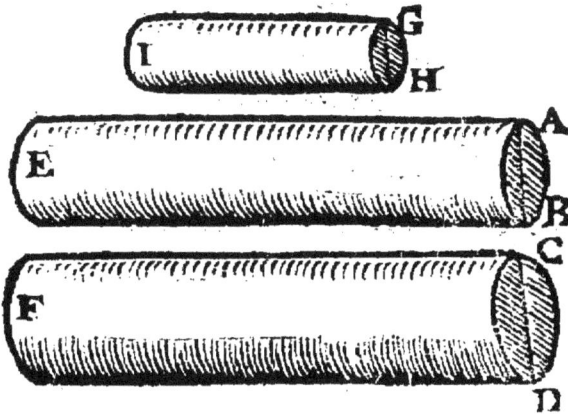

E A eft tout plein & folide, comme fi on l'auoit ofté de dedans le plus gros.

Cecy pofé que ces deux cylindres foient d'efgale pefanteur & longueur, ie dis que la bande circulaire, qui refte apres que le cylindre folide en a efté ofté, eft efgale à la bafe du cylindre folide, & que la force du vuide eft plus grande, car bien que le folide E B foit efgal en force à F D, lors que l'on les confidere comme de fimples leuiers, parce que leurs deux appuis D & B font efgalement efloignez des bouts F & E, neantmoins le cylindre vuide F D eft d'autant plus fort, que le folide E B, que fon contreleuier C D eft plus grand que B A.

Quant à la force des cylindres inefgaux en pefanteur, & efgaux en longueur, l'on trouue la proportion de leur force, & refiftance par le probleme qui fuit : Il faut donc conclure que la refiftance du cylindre vuide precedante eft à celle du plein confolide, comme le diametre de la bafe de celuy-là, au diametre de la bafe de cetuy-cy.

XVIII. PROPOSITION.

Vn cylindre creux eftant donné, trouuer vn cylindre folide d'efgale longueur qui luy foit efgal.

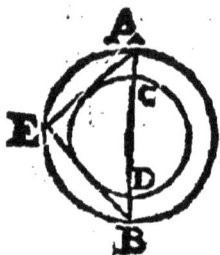

QVE le diametre de la bafe du cylindre donné foit A B, & le diametre du vuide C D ; appliquez la ligne A E dans le cercle, efgale au diametre C D, & ioignez B E ; & parce que l'angle A E B eft droit, le cercle fur A B eft efgal aux deux cercles fur A E & B E ; mais A E eft le diametre du vuide, donc le cer-

cle sur E B sera esgal à la bande circulaire, A C, P B, & par consequent le cylindre solide, qui a B E pour la base de son,
diametre, sera esgal au cylindre creusé
esgal en longueur. Mais faisons autrement la demonstration.

XIX. PROPOSITION.

Trouuer la raison de la resistance de deux cy-
lindres quels qu'ils soient, pourueu qu'ils
soient de mesme longueur.

SOIENT les cylindres A E, & R M d'esgale longueur, l'on aura la raison de
leurs resistances, si l'on trouue par la proposition precedente, le cylindre I N esgal à E A : & puis ayant trouué la quatriesme proportionnelle de I L, R S, à
sçauoir V, ie dis que la resistance du cy-
lyndre A E est à celle du cylindre R M,
comme la ligne A B à la ligne V. Car A

L iij

E eſtant eſgal en longueur à E F, la reſi-

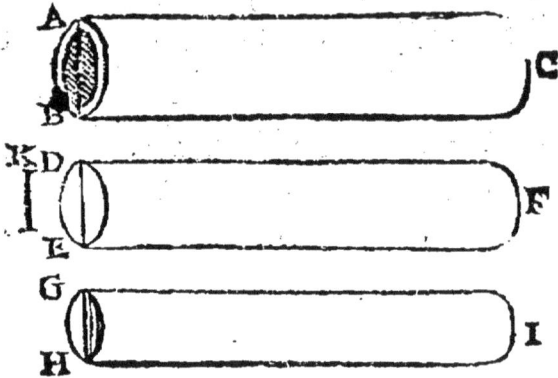

ſtance du cylindre vuide ſera à celle du
ſolide, comme A B à D E, mais la reſiſtance du cylindre D F eſt à celle du cylindre H I, comme le cube D E au cube
G H, ou comme D E à V, donc la reſiſtance du cylindre creux A E eſt à celle du
cylindre G I, comme B A à V, ce qu'il
falloit trouuer.

Fin du ſecond Liure.

LIVRE TROISIESME.

DES NOVVELLES
PENSEES DE GALILEE.

Du mouuement esgal ou vniforme.

E Liure donne la science du mouuement esgal, & vniforme en six propositions, & n'a qu'vne definition, à sçauoir que ce mouuement est celuy dont les parties parcouruës par vn mobile en toutes sortes de temps esgaux, sont esgales : il adiouste, *en toutes sortes de temps esgaux*, à l'ancienne definition, parce qu'il peut arriuer que les espaces parcourus en de moindres parcelles des parties de temps, quoy qu'esgales, ne soient pas esgaux. Il deduit les 4 axiomes suiuans de cette definition. L iiij

Premier axiòme. L'espace parcouru dans vn plus long temps par le mesme mouuement esgal, est plus grand que l'espace parcouru dans vn moindre téps.

II. Le temps pendant lequel vn plus grand espace est parcouru par vn mouuement esgal, est plus long que le temps, pendant lequel vn moindre espace est parcouru.

III. L'espace parcouru d'vne plus grande vitesse en mesme temps est plus grand que l'espace parcouru d'vne moindre vitesse.

IV. La vitesse, par laquelle vn plus grand espace est parcouru en mesme temps est plus grande que la vitesse par laquelle vn moindre espace est parcouru.

Theoreme 1. PROP. I.

Lors qu'vn mobile meu esgalement, & d'vne esgale vitesse parcourt deux espaces, les temps qu'il employe sont entr'eux comme les espaces.

CA R que le mobile meu esgalement parcoure les deux espaces A B, B C d'vne esgale vitesse, & que DE soit le temps pendant lequel le mouuement A B se fait : & E F le temps durant lequel se fait le mouuement B C, ie dis que le téps D E est au temps E F, comme l'espace A B, à l'espace B C. Que les temps, & les espaces soient prolongez d'vn costé & d'autre vers G H & I K, & soient marquez sur A G tant d'espaces qu'on voudra esgaux à A B, & autant de téps en D I, esgaux au téps D E. Et puis soient marquez sur C H tát d'espaces qu'on voudra esgaux à C B, & autant de temps sur F K, esgaux au temps E F. L'espace B G & le temps E I seront esgalement multiples de l'espace B A, & du temps E D, quelque

nombre d'eſpaces & de temps que l'on
puiſſe prendre : ſemblablement l'eſpace
H B & le temps K E ſeront eſgalement
multiples de l'eſpace B A, & du temps E
D, quelque nombre d'eſpaces & de téps
que l'on puiſſe prendre : ſemblablement
l'eſpace H B, & le temps K E ſeront eſgalement multiples de l'eſpace C B & du
temps F E. Et parce que D E eſt le temps
du mouuement qui ſe fait ſur A B, tout
E I ſera le temps de tout B G, parce que
nous ſuppoſons le mouuement eſgal.
Qu'il y ait ſur E I autant de temps eſgaux
au temps D E, comme il y a d'eſpaces ſur
B G eſgaux à l'eſpace B A, l'on conclura
auſſi que K E eſt le temps du mouuement
fait ſur H B.

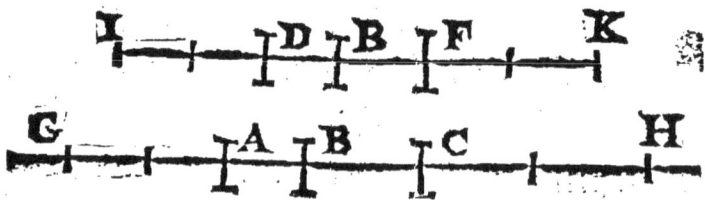

Or puis que le mouuement eſt ſuppoſé
eſgal, ſi l'eſpace G B eſtoit eſgal à l'eſpace B H, le temps I E ſeroit eſgal au temps
E K : & ſi G B eſt plus grand que B H, I E
ſera auſſi plus grád qu'E K, & s'il eſt moin-

dre, il fera moindre. Nous auons donc quatre grandeurs, la premiere A B, la feconde B C, la troifiefme D E, & la quatriefme E F, & nous auons pris des equimultiples de la premiere, & de la troifiefme, ou de l'efpace A B & du temps D E, à fçauoir le temps I F, & l'efpace G B ; & i'ay demonftré qu'ils eftoient efgaux, ou qu'ils eftoient plus ou moins grands que le temps E K, & l'efpace B H equimultiples de la feconde & de la quatriefme. Donc la premiere, c'eft à dire l'efpace A B, a mefme raifon à la feconde, c'eft à dire à l'efpace B C, que la troifiefme à la quatriefme, c'eft à dire que le temps D E au temps E F, ce qu'il falloit demonftrer.

Theor. 2. PROP. II.

Si le mobile parcourt deux efpaces en temps efgaux, ces efpaces feront entr'eux comme les vitefles ; & fi les efpaces font comme les vitefles, les temps feront efgaux.

SOIENT dans la figure precedente les deux efpaces A B, C B, parcourus en

des temps esgaux, & l'espace A B auec la
vitesse D E, & l'espace B C auec la vitesse
E F, ie dis que l'espace A B est à l'espace
B C, comme la vitesse D E à la vitesse EF,
car si l'on prend, comme cy-deuant les
equimultiples, tant des espaces, que des
vitesses, en telle multitude qu'on voudra, à sçauoir G B & I E multiple d'A B
& D E, & semblablement H B & K E multiples B C & E F, l'on conclura la mesme
chose, que cy-dessus, à sçauoir que les
multiples G B, I E seront ou moindres,
ou esgales, ou plus grandes que les equimultiples B H, & E K; donc cette proposition est demonstree.

Theor. 3. PROP. III.

Les temps des mobiles portez de differentes
vitesses par vn mesme espace, sont en rai-
son reciproque desdites vitesses.

SOit A la plus grande vitesse, & B la
moindre, & que selon l'vne & l'autre,
le mobile se meut de C en D, ie dis que
le temps, auquel la vitesse A parcourt

l'efpace C D, eft au temps, pendant lequel la viteffe B parcourt le mefme efpace, comme la
viteffe B eft à
la viteffe A.
Car que CD
foit à C E, comme A à B, donc par la propofition precedente, le temps auquel la
viteffe A parcourt l'efpace C D, fera le
mefme, pendant lequel la viteffe B parcourt l'efpace C E. Mais le temps durant lequel la viteffe B parcourt CE eft
au temps, pendant lequel la viteffe A
parcourt l'efpace C D, comme CE à CD,
donc le temps auquel la viteffe A parcourt CD, eft au temps auquel la viteffe
B parcourt le mefme efpace C D, comme
C E à C D, c'eft à dire comme la viteffe B à la viteffe A, ce qu'il falloit demonftrer.

Theor. 4. PROP. IV.

Si deux mobiles font portez d'vn mouuement
efgal, & neanimoins d'vne viteffe inef-
gale, les efpaces qu'ils font en temps inef-
gaux, feront en raifon compofee de la rai-
fon des viteffes, & de celle des temps.

SVPPOSONS que les deux mobiles E
F foient meus d'vn mouuement efgal, ou vniforme, & que la raifon de la
viteffe du mobile E foit à la viteffe du
mobile F, comme A à B, & que la raifon
du temps auquel fe meut E, foit au téps,
auquel fe meut F, comme C à D, ie dis
que l'efpace parcouru par E, auec la viteffe B dans le temps C, eft à l'efpace
parcouru par F auec la viteffe B, dans le
temps D, en raifon compofee de la raifon de la viteffe A à la viteffe B, & de la
raifon du temps C au temps D.

Que G foit l'efpace parcouru par E,
auec la viteffe A, dans le temps C, & que
G foit à I, comme la viteffe A à la viteffe
B : Et que I foit à L, comme le temps C

au temps D, il est euident que I est l'espace, par lequel se meut F en mesme téps,
auquel E a parcouru G, parce que les espaces G I sont comme les vitesses A B.

Et parce que I est à L, comme le temps
C au temps D ; & que I est l'espace parcouru par le mobile F dans le temps C,
L sera l'espace, parcouru par F dans le
temps D auec la vitesse B.   Or la raison
de G à L est composee des raisons de G à
I, & d'I à L, à sçauoir des raisons de la vitesse A à la vitesse B, & du temps C au
temps D, donc la proposition est vraye.

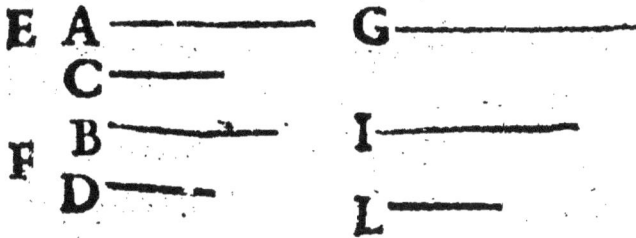

E A——————   G—————
  C———

  B———   I—————
F
  D———   L—————

Theor. 5. PROP. V.

Si deux mobiles font meus d'vn mouuement vniforme, & que les vitefses foient inefgales, & les efpaces inefgaux, la raifon des temps fera compofee de la raifon des efpaces, & de celle des vitefses prifes reciproquement.

SOIENT les deux mobiles A B, & que la vitefse d'A foit à celle de B, comme V à T, & les efpaces parcourus, comme S à R, ie dis que la raifon du temps, auquel A eft meu, au temps, durant lequel B eft meu, eft compofee de la raifon de la vitefse de T à celle d V, & de la raifon de l'efpace S à l'efpace R. Que C foit le téps du mouuement A, & que le temps C foit au temps E, comme la vitefse de T à celle d'V. Et parce que C, eft le temps, auquel

$$
\begin{array}{ll}
\text{A} \begin{cases} \text{V} \rule{2cm}{0.4pt} \\ \text{S} \rule{1.5cm}{0.4pt} \end{cases} & \text{C} \rule{2cm}{0.4pt} \\[1em]
\text{B} \begin{cases} \text{T} \rule{2.5cm}{0.4pt} \\ \text{R} \rule{1cm}{0.4pt} \end{cases} & \begin{array}{l} \text{E} \rule{2.5cm}{0.4pt} \\ \text{G} \rule{2.5cm}{0.4pt} \end{array}
\end{array}
$$

A parcourt l'efpace S, auec la vitefse V, &
que

que comme la viteſſe T du mobile B eſt à
la viteſſe V, ainſi le temps C au temps E,
le temps E ſera celuy, que le mobile B
employeroit à parcourir le meſme eſpace S.

En troiſieſme lieu, que le temps E ſoit
au temps G, comme l'eſpace S à l'eſpace
R, il eſt euident que G eſt le temps, auquel B parcourut l'eſpace R. Et parce que
la raiſon de C à G eſt compoſée des rai-
ſons de C à E, & d'E à G ; & que la raiſon de C à E eſt la meſme que celle des
viteſſes des mobiles A, B, priſes reciproquement, c'eſt à dire que la raiſon de T à
V ; & que la raiſon d'E à G eſt la meſme
que celle des eſpaces S R, la propoſition
eſt veritable.

Theo. 6. PROP. VI.

Si deux mobiles ſont meus d'vn mouuement
eſgal, la raiſon de leurs viteſſes ſera com-
poſée de celle des eſpaces parcourus, & de
celle des temps, pris contrairement.

QVE les deux mobiles A B ſoient
meus d'vn mouuement vniforme, &

M

que les efpaces qu'ils auront parcourus foient comme V à T, & les temps de leurs courfes, comme S à R, ie dis que la viteffe du mobile A à celle du mobile B eft compofee de la raifon de l'efpace V à l'efpace T, & de celle du temps R au temps S. Que C foit la viteffe, dont le mobile A parcourt l'efpace V, dans le temps S, & que C à E ait mefme raifon q'V à T, E fera la viteffe, dont le mobile B parcourt l'efpace T, dans le temps S.

Or fi la viteffe E eft à celle de G, comme le temps B au temps S, G fera la viteffe, dont le mobile B fait l'efpace T, dans le temps R.

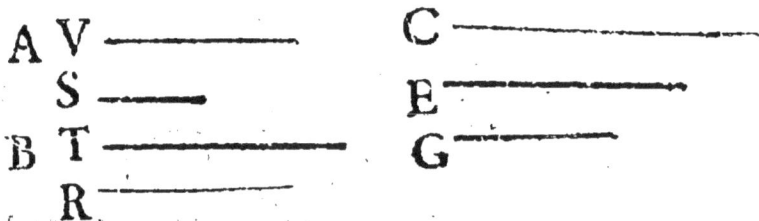

```
A V ─────────       C ──────────
  S ──────           E ══════════
B T ─────────       G ──────────
  R ─────────
```

Nous auons donc la viteffe C, auec laquelle le mobile A fait l'efpace V, dans le temps S ; & la viteffe G, dont le mobile B fait l'efpace T, dans le temps R. Or la raifon de C à G eft fuppofee la mefme

que celle de l'espace T ; & la raison d E
à G, est la mesme que celle de R à S, donc
la proposition est demonstree.

Fin du troisiesme Liure.

LIVRE QVATRIESME.
DES NOVVELLES
PENSEES DE GALILEE.

De la proportion dont les corps pesans hastent leur vitesse en descendans vers le centre de la terre.

ARTICLE PREMIER.

Contenant les suppositions & les experiences de Galilée.

'EXPERIENCE fait voir qu'vn corps pesant, comme sont les metaux, les pierres, les bois, &c. hastent tellement leur cheute commencee, qu'à chaque moment de temps ils acquierent de nouueaux degrez de vitesse, dont l'augmentation est vniforme, car ils en acquierent autant au premier moment qu'au second, au second qu'au troisiesme, & ainsi des autres, iusques au centre, si nous supposons que le milieu n'empesche point ; car Galilée ne le considere point, & parle de ces descentes comme si elles se faisoient dans le vuide, dans lequel chaque corps descendroit d'vne esgale vitesse, comme i'ay dit dans le premier Liure. Ce mouuement naturel se peut ainsi definir. *Le mouuement naturel qui augmente sa vitesse vniformement, & esgalement, est celuy qui depuis son repos iusques à la fin de sa cheute acquiert des degrez esgaux de vitesse en des temps esgaux.* Car à chaque partie de temps, pour petit qu'il puisse estre, il arriue quelque degré de vitesse à ce mouuement : par exemple, le degré de vitesse acquise dans la premiere partie de téps iointe au degré de la vitesse acquise dans la seconde partie de temps : est double du degré acquis en ladite premiere partie de temps ; la vitesse acquise en trois téps est triple, & ainsi des autres iusques à l'infiny : de sorte que si le mobile descen-

doit felon le degré acquis en la premiere
partie fans changer cette viteffe, fon
mouuement feroit deux fois plus tardif
que celuy qui fe feroit par le degré acquis dans deux temps : c'eft pourquoy
nous pouuons faire feruir l'eftenduë du
temps pour l'intention, ont la gradua-
tion de la viteffe. Et comme il y a vne
infinité d'inftans en chaque partie de
temps, l'on peut en remontant vers le repos d'où le mobile commence à defcendre, trouuer des tardiuetez toufiours
plus grandes iufques à l'infiny, de maniere que fi vne pierre n'augmétoit point
la viteffe acquife dans vn certain temps,
elle ne defcendroit pas la longueur d'vn
pied dans vn an, comme i'ay demonftré
dans la feptiefme propofition du fecond
Liure des Mouuemens, dans lequel i'ay
traicté fi amplement de ce mouuement
naturel, de fa proportion, & de fes acci-
dens, qu'il peut fuppleer ce qui manque
icy.

Galilée prouue cette tardiueté par le
peu d'effet d'vn corps pefant qui defcend
feulement d'vn pied, ou d'vn pouce de
haut fur quelque pieu, comme l'on fait

auec les beliers en fichant des pieux dans les lieux marefcageux pour baftir : car plus le coup du belier, qui tombe deffus, a d'effort, & plus il va vifte : ce qu'il acquiert en defcendant de plus haut. Mais il eft difficile de donner la raifon pourquoy cette viteffe s'augmente ainfi. Les vns difent que c'eft par la diminution de l'impetuofité imprimee aux corps pefans, efquels mefme on la peut confiderer, quoy qu'on les retienne fimplement auec la main, ou qu'ils foient appuyez fur la terre, parce que l'empefchement qu'ils fouffrent, eft vne mefme chofe que la violence de l'impetuofité, de forte que la viteffe de la cheute s'augmente en mefme raifon que cette violence ceffe : les autres difent que c'eft à caufe que le mobile approche du centre de la terre, ou parce qu'il refte moins d'air à fendre, ou que l'air de derriere le chaffe & le preffe toufiours de plus en plus : il ne fe foucie pas icy de donner la vraye raifon de cette viteffe, mais on la trouuera dans la dix-neufiefme propofition du troifiefme Liure des Mouuemens, & dans fon fecond Corollaire.

M iiij

Il refute en fuite la penfee de plufieurs, qui difent que la viteffe croift en mefme raifon que les efpaces, par exemple, que la viteffe acquife en quatre efpaces eft double de celle qui eft acquife en deux, car il s'enfuiueroit de là que le mobile feroit auffi-toft quatre braffes comme deux : neantmoins cecy fe peut entendre d'vne veritable façon ; car pourquoy ne peut-on pas dire que la viteffe eft plus grande à proportion des plus grands efpaces parcourus? mais il ne faut pas nous efloigner de l'intention de l'Autheur, qui fuppofe qu'vn mefme mobile roulant fur des plans differens, acquiert vn efgal degré de viteffe, lors que ces plans ont vne mefme hauteur ; par exemple, fi l'vn des plans inclinez à huict toifes de long, & l'autre vne feule toife, lors que le mobile eft arriué à la fin de la huictiefme toife, il va feulement auffi vifte que celuy qui eft à la fin de fa toife, & fi la hauteur perpendiculaire de ces plans n'a qu'vn pouce, le mobile ira auffi vifte à la fin de ce pouce, comme il va à la fin defdits plans.

D'où il s'enfuit encore qu'vn poids

attaché à vne chorde longue ou courte
aquiert vne vitesse, & vne force esgale,
lors qu'il remonte aussi haut à l'esgard
de la ligne perpendiculaire à l'orizon,
côme il arriue lors ayant attaché deux
chordes, l'vne de trois pieds, & l'autre
d'vn pied, qui descendent aussi bas l'vne
que l'autre, l'on esleue les deux poids par
leurs arcs à mesme hauteur d'orizon, de
sorte que si le poids de celle qui est trois
fois plus courte, pouuoit se transporter
à la plus longue, il auroit acquis dans
cette plus courte la force de parcourir
l'arc trois fois plus grand de la chorde
plus longue. Et si l'on oste tous les empeschemens, l'on peut dire la mesme chose des plans droits inclinez, ou non inclinez; à l'extremité desquels le poids acquiert la force de remonter aussi haut
que le lieu dont il est party.

Il faut donc demeurer d'accord, comme d'vne maxime fondamentale, *que les
degrez de vitesse acquis par vn mobile descen-
dant sur des plans differemment inclinez,
sont esgaux, quand leurs esleuations sont esgales :* par exemple, si vne boule descend
tout au long d'vn plan incliné long de

quatre toifes, & dont la hauteur foit
d'vne toife, elle aura acquis vne viteffe
efgale lors qu'elle aura fait vne toife par
le plan perpendiculaire, & quatre par
l'incliné, & ainfi des autres.

Ce que l'on comprendra mieux par
cette figure, qui nous feruira encore pour
d'autres propofitiós ; foit dóc H B le plan
perpendiculaire de cette hauteur telle
qu'on voudra, & B G la ligne horizontale, ie dis que la boule qui aura defcendu de H en B, aura iuftement autant acquis de degrez de viteffe, que celle qui
aura defcendu par le plan incliné H G.

De mefme, la boule qui aura roulé de H
en K, ou d'A en D, ou en C, aura acquis
autant de viteffe, que fi elle eftoit déf-
cenduë de H en N, ou d'A en B : parce
qu'en l'vne & l'autre de fes defcétes, elle
s'approche efgalement du centre de la

terre : ce qui eft auffi confiderable, comme il eft veritable : & d'où il eft aifé de
conclure qu'vn mobile peut acquerir vne
efgale viteffe par vne infinité de plans
differens tous de mefme hauteur : & qu'il
peut faire cent ou mille lieuës auant que
d'acquerir autant de viteffe comme il en
acquiert en defcendant par vn plan perpendiculaire d'vn pied, ou d'vn pouce
de hauteur, comme i'ay monftré fort amplement dans le fecond Liure des Mouuemens.

Mais auant que de paffer outre, il faut
confiderer l'experience de Galilée, afin
de voir l'appuy de fon difcours. Ayant
donc pris vn ais long de douze braffes,
qui font enuiron vingts pieds, & large
d'vn pouce, il a leué vne ou deux braffes
fur l'orizon, & ayãt laiffé defcendre plufieurs fois vne boule de bronze bien polie, tout au long dudit plan, il a toufiours
remarqué le téps de cette cheute fi exact,
& fi iufte, qu'il n'y a iamais trouué à redi-
re de la dixiefme partie d'vne feconde
minute, & puis l'ayant laiffé defcendre
du quart de ce plan (dans lequel il y a vn
canal pour la conduite de la boule) c'eft

à dire de trois braſſes, il a touſiours remarqué que le temps de cette cheute eſt
preciſément la moitié de la cheute totale. Et finalement ayant pris les deux
tiers, les trois quarts, &c. dudit plan, il a
touſiours trouué que les eſpaces parcourus ſont en raiſon doublee des temps,
c'eſt à dire comme les quarrez des téps,
qu'il a meſurez en peſant l'eau qui cou-
loit du fond d'vn ſeau attaché en haut,
par vn petit robinet, attaché fermement
audit fond ; car ayant peſé cette eau re-
ceuë dans vne phiole, auec des balances
fort iuſtes, à chaque deſcente de la boule, il a remarqué plus de cent fois que les
quátitez, & peſanteurs des eaux coulees,
durant les differentes deſcentes, ont touſiours eſté en raiſon ſous-doublee deſdi-
tes deſcentes.

REMARQVE.

I'ay trouué les meſmes proportions en
laiſſant tomber des boules de plomb, &
de toute autre ſorte de matiere, en toutes ſortes de hauteurs depuis vn pied iuſques à cent quarante-ſept pieds de haut,
lors que la boule n'a point eſté plus lege-

re que la douziefme partie de celle de plomb, car lors que la boule eft de liege, ou de moüelle de fureau, &c. elle commence bien fenfiblement à perdre cette proportion de viteffe, à fçauoir dés les vingt-quatre premiers pieds de leurs defcentes, & mefme beaucoup pluftoft, à raifon du grand empefchement de l'air, comme l'on peut voir dans le fecond & troifiefme Liure de nos Mouuemens, & dans la premiere obferuation Phyfique. Mais puis que Galilée ne veut pas confiderer l'empefchement de l'air dans fon Traicté, dans lequel il fuppofe que les mobiles defcendent dans le vuide, ie laiffe maintenant cette difficulté, afin de venir à fes propofitions.

ARTICLE II.

Contenant les quatre premieres propositions
de Galilée.

PROPOSITION I.

Le temps qu'vn mobile employe à parcourir
quelque espace en haſtant ſa courſe vni-
formement depuis le poinct de ſon repos, eſt
eſgal au temps qu'il employeroit à parcourir
le meſme eſpace d'vn mouuement eſgal,
dont la viteſſe ſeroit double du dernier ou
plus grand degré de viteſſe du premier
mouuement qui haſtoit ſa courſe vnifor-
mement.

L'O n peut voir la demonſtration de
cette propoſition dans la ſecóde propoſition du ſecond Liure de nos Mouuemens Harmoniques ; ce que i'explique
icy par les nombres qui repreſentent
l'augmentation de la viteſſe, du mouuement, à ſçauoir par 1, 3, 5, & 7, qui mon-

ſtrent que le mobile faiſant vn pied au
premier temps, en fait 3 au ſecód,
cinq au troiſieſme, & 7 au quatrieſme, ou dernier ; dont la fin
eſtant le commencement du quatrieſme temps, & par conſequent
du huictieſme degré de viteſſe, il
faut prendre quatre pour la moitié de la viteſſe ; car il eſt conſtant
que ſi le mobile commence ſon
mouuement par 4 degrez de viteſſe, ſans l'augmenter, il fera le
meſme chemin A E en 4 temps,
auſſi bien que quand il augmente
ſa viteſſe, puis que 4 fois 4 font
auſſi bien 16, que 1, 3, 5, & 7. Ce
que pluſieurs entendront plus aiſément, que ſi i'euſſe vſé de figures, comme i'ay fait dans ladite ſeconde
propoſition. D'où il appert que le mobile feroit deux fois autant de chemin,
c'eſt à dire le double d'A E, s'il pourſui-
uoit à deſcendre autant de temps qu'il
en employe depuis A, iuſques à E, c'eſt à
dire 4 temps, car puis qu'il a acquis 16
degrez de viteſſe en B, il feroit 4 fois 8,
c'eſt à dire 32 eſpaces.

PROPOSITION II.

Lors que le mobile defcend du poinct de fon repos, en augmentant fa viteffe, les efpaces qu'il parcourt en des temps donnez, font entr'eux en raifon doub ee defdits temps, c'eft à dire comme leurs quarrez.

SI l'on entend la premiere propofition, celle-cy n'a que faire de preuue, car les 4 efpaces, 1, 3, 5, 7, font 16, lequel 16 eft le quarré des 4 temps, côme les trois premiers nombres 1, 3, 5 font 9 pour le quarré de trois temps, & ainfi des autres, iufques à l'infiny, comme i'ay monftré fort au long dãs la premiere propofition du feeond Liure des Mouuemens. Or il deduit deux Corollaires de cette propofition, dont le premier eft, que fi l'on prend tant de têps efgaux que l'on voudra, qui fe fuiuent immediatement depuis vn, & depuis le commencement du mouuement, les efpaces parcourus feront entr'eux comme les nombres impairs qui commencét par l'vnité, comme

l'on

l'on voit aux nombres precedens, 1, 3, 5,
7, &c.

Le second Corollaire fait voir que si
l'on prend deux espaces, tels qu'on voudra, depuis le commencement du mouuement, parcourus en tels temps qu'on
voudra, les temps feront entr'eux comme l'vn des espaces donnez à l'espace
moyen proportionnel entre les deux espaces donnez. Car ayant pris ces deux
espaces, par exemple, S T & S V, entre
lesquels S X soit le moyen proportionnel,
le temps de la cheute par S T, est à celuy
S de la cheute par S V, comme S T à S
X, ou bien le temps par S V, est au téps
par S T, comme V S à S X, car puis
que les espaces parcourus sont en raison doublee des temps, ou comme
T leurs quarrez, & que la raison de l'espace V S à celuy de S T, est double de
X la raison V S, à S X, ou mesme que
celle des quarrez V S & S X, il est eui-
V dent, que la raison des temps durant
lesquels se font les cheutes par S V & S T,
est la mesme que celle des espaces V S &
S X. Ce qui est aussi veritable des cheutes qui se font sur les plans inclinez, que

N

de celles qui ſe font perpendiculairement.

PROPOSITION III.

Lors qu'vn meſme mobile ſe meut du poinct
de ſon repos ſur vn plan incliné, & par le
plan perpendiculaire de meſme hauteur, les
temps de ſes cheutes ſont en meſme raiſon
que la longueur deſdits plans.

IL ne faut qu'vn exemple pour entendre cette propoſition; donc ſi l'on s'i-
magine deux plans de meſme hauteur
perpendiculaire, dont l'vn ait vne toiſe,
& l'autre ſix, ſi le mobile tombe dans vn
moment ſur le plan d'vne toiſe de long,
il tombera dans ſix momens ſur le plan
long de ſix toiſes, & ainſi des autres iuſques à l'infiny. Mais la propoſition qui
ſuit ſemble vn peu plus difficile.

PROPOSITION IV.

Les temps des cheutes sur des plans égaux,
mais inégalement inclinez, sont entr'eux
en raison sous-doublée de leurs hauteurs,
prise à rebours.

VN exemple rendra cette proposition bien aisée à conceuoir. Soient
donc appliquez deux plans obliques au
poinct B de la perpendiculaire B D, dont
l'vne s'incline de 45 degrez, & l'autre de
20, & que B D soit la hauteur du moins
incliné, & B E celle du plus incliné ; la
raison des temps , pendant lesquels
se font les cheutes sur lesdits plans
inclinez, seront en mesme raison que
B D à B I, prise à rebours : de sorte
qu'il faut seulement trouuer la
moyenne proportionnelle B I, entre
B D & B E. Or D B à B I est en raison doublée de D B à B E. D'où il
conclud que le temps de la cheute
sur le plan de la hauteur de B E, est
au temps de celle qui se fait sur le plan de

N ij

mefme longueur, qui a la hauteur B D,
comme D B eft à B I.

ARTICLE III.

*Contenant les propofitions du mouuement
depuis la V I. iufques à la XII.*

CEt article contient l'explication
des propofitions de Galilée, depuis
la 6 iufques à la 12, mais parce que ie ne
mets pas fes figures, il fe faut rendre fort
attentif pour les entendre.

PROPOSITION V.

La raison des temps, pendant lesquels les cheutes se font sur des plans de differente inclination, longueur & hauteur, est composee de la raison de leurs longueurs, & de la raison alternatiue sousdoublee de leurs hauteurs, ou eleuations.

PROPOSITION VI.

Si l'on applique tant de plans que l'on voudra, soit au haut, ou au bas d'vn cercle perpendiculaire à l'orizon, les cheutes se feront en des temps égaux sur tous ces plans, à quelque partie de la circonferance qu'ils se puissent terminer.

CE qui s'entendra fort bien par la seconde figure de la septiesme additió faite aux Mechaniques de Galilée, où cette proposition a esté expliquee. Soit dóc le cercle B D A G esleué perpendiculairement sur l'orizon I K au poinct B : la

cheute du mobile ſe fera en meſme téps

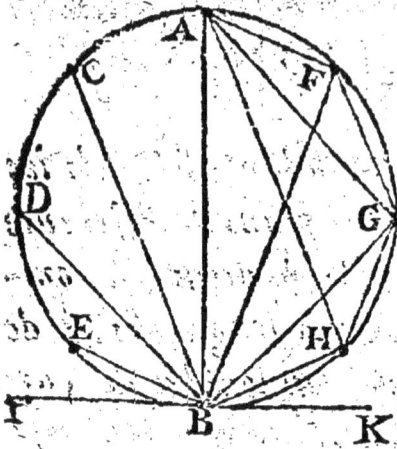

depuis A iuſques
à B par le diame-
tre , que par la
ſouſtenduë A F,
ou A G, ou A H,
ou F B , ou G B,
ou H B, de ſorte
que quelque li-
gne que l'on tire
du poinct A , ou du poinct B iuſques à
la circonference du cercle, la cheute ſe
fait touſiours ſur chacune dans vn meſme temps.　D'où il s'enſuit que les plans
ſur leſquels les deſcétes ſe font en temps
eſgaux, lors qu'ils commençent au meſme poinct, comme ils font icy en A, ou
en B , ſont dans le demicercle, dont le
plan perpendiculaire eſt le diametre,
comme eſt icy B A, & par conſequent
que la ligne tiree de l'extremité inferieure du plan incliné, ſur l'extremité inferieure du perpendiculaire, fait vn angle
droit auec ledit perpendiculaire, comme l'on voit aux deux figures de la huictieſme addition que nous auons faite
aux Mechaniques de Galilée, laquelle il

est à propos de relire icy, pour sçauoir la longueur du plan perpendiculaire, que feroit le mobile, lors qu'on sçait le plan incliné, ou au contraire. Et si du mesme poinct A l'on s'imagine vne infinité de plans qui descendent d'vn costé & d'autre du diametre A B, & que l'on arreste les boules qui auront descédu en téps esgaux, les points des arrests feront vn cercle parfait, par exemple, ils descriront le cercle A G B D; & parce que l'on peut les arrester plus ou moins loing du poinct A en raison donnee, ils descriront des cercles de telle grandeur qu'on voudra.

PROPOSITION VII.

Lors que les hauteurs des plans font en raison doublee de leurs longueurs, les cheutes se font en temps égaux.

P A R exemple, si la hauteur de l'vn des plans inclinez à tel angle qu'on voudra, a deux pieds, & l'autre huict, & que l'vn desdits plans inclinez ait vn pied de long, & l'autre deux, les cheutes qui

N iiij

ſe feront deſſus ſe feront en meſme tẽps,
ou dans vn temps eſgal, parce que leurs
hauteurs 8 & 2 ſont en raiſon doublee de
leurs longueurs 2 & 1.

PROPOSITION VIII.

Si l'on conſidere les plans coupez par vn meſ-
me cercle, ceux qui ſe terminent à l'extre-
mité du diametre, ſoit en haut, ou en bas,
requierent des temps égaux à celuy de la
cheute par le diametre; mais quand les plans
n'arriuent pas iuſques au diametre, les
temps ſont plus courts; & s'ils coupent le
diametre en paſſant au delà, les temps ſont
plus longs.

CETTE propoſition eſt ſi facile à entendre, ſi l'on comprend la ſixieſme, qu'il n'eſt pas beſoin de s'y arreſter.

PROPOSITION IX.

Si d'vn poinct pris en la ligne horizontale, l'on incline des plans comme l'on voudra, qui soient coupez par vne ligne qui fasse entr'eux des angles alternatiuement égaux aux angles compris par le mesme plan, & par la ligne horizontale, les cheutes se feront en des temps égaux sur les parties des plans coupez par ladite ligne.

QVE du poinct C, pris dans la ligne horizontale L X, les deux plans C D & C E inclinez soient tirez côme on vou-

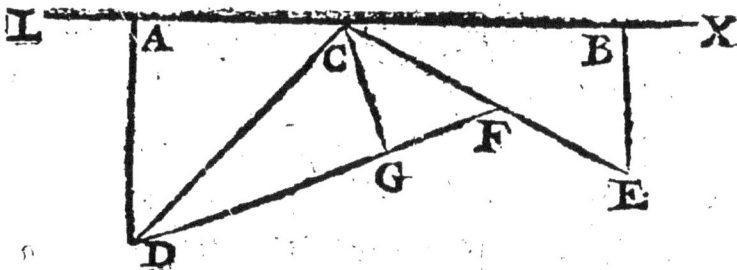

dra, & en tel poinct de CD qu'on voudra, soit fait l'angle C D F; esgal à l'angle X C E. Que D F coupe tellement le plan C E en F, que les angles CDF, CFD, soiét esgaux aux angles X C E, L C D pris alternatiuement. Ie dis que les temps des cheutes par CD & C F seront esgaux.

PROPOSITION X.

Les temps des cheutes, qui ſe font ſur des
plans d'égale hauteur, & differens en leurs
inclinations, ont meſme raiſon entr'eux,
que la longueur deſdits plans ; ſoit que les
cheutes commencent de leurs points de re-
pos, ou qu'elles ayent eſté precedees par
d'autres cheutes de meſme hauteur.

P A R exemple, que les mobiles deſcen-
dent par les plans A B C, & A B D, iuſ-

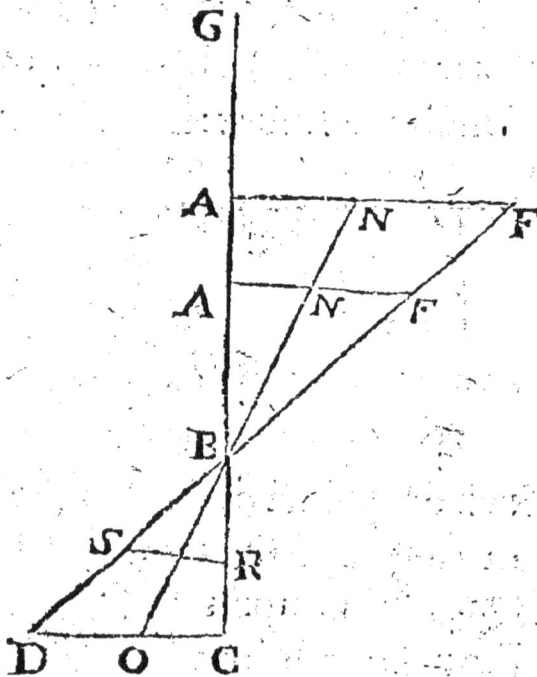

ques à l'orizon D C, de ſorte que la cheute A B precede celle de B D, & de B C, ie

dis que le temps de la cheute par B D est
au temps de la cheute par B C, comme la
longueur B D à la longueur B C.

PROPOSITION XI.

Le plan, sur lequel se fait la cheute, depuis le
poinct du repos, estant diuisé comme l'on
voudra, le temps de la cheute sur la premie-
re partie, sera à celuy qui se fait sur la sui-
uante, comme la premiere partie à l'excez,
par lequel elle est surmontee par la moyenne
proportionnelle entre le plan total, & cette
premiere partie.

CE que i'explique par la ligne qui
suit, dans laquelle si l'on suppose
que la cheute se fasse depuis le poinct A,
iusques en D, si l'on diuise la ligne
A D comme l'on voudra, par exemple en B, & que C A soit moyenne
proportionnelle entre A D & A B,
C B sera l'excez de la moyenne C A,
par dessus la partie A B, ie dis que le
temps de la cheute par A B, est au
temps du reste de la cheute par B D,
comme A B est à C B. Ce que ie demonstre, parce que le temps de la
cheute par A D à celuy de la cheute par

A B, est comme A B à C A, donc en di-
uisant, le temps de la cheute par A B sera
au temps de la cheute par B D, comme
A B est à C B. Partant si l'on suppose que
le temps de la cheute sur A B soit A B
mesme, le temps de la cheute sur B D sera
C B, ce qu'il falloit demonstrer.

ARTICLE IV.

Contenant les propositions des mouuemens,
depuis la douziesme iusques à la
quatorziesme.

PROPOSITION XII.

Si le plan perpendiculaire, & l'incliné sont cou-
pez entre les mesmes lignes horizontales, &
si l'on prend leurs moyens proportionnels, &
ceux de leurs parties comprises entre la section
commune, & par la ligne horizontale supe-
rieure, le temps de la cheute par le plan perpen-
diculaire sera à celuy de la cheute, qui se fait
dans la partie superieure dudit plan perpendi-
culaire, & ensuite sur la partie inferieure du

plan incliné, comme la longueur entiere du
plan perpendiculaire, à la ligne composée de la
moyenne proportionnelle prise dans le plan per-
pendiculaire, & de l'excez par lequel le plan
total incliné surpasse sa moyenne proportion-
nelle.

SOIT l'orizon superieur A F, & l'inferieur CD, entre lesquels soient cou-

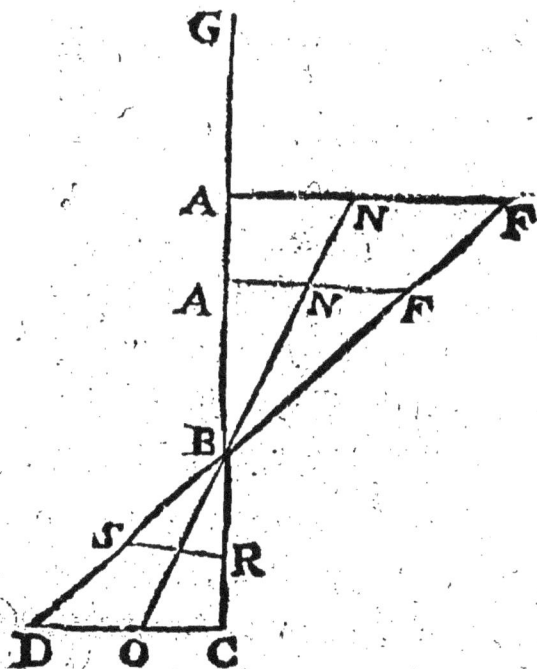

pez le plan perpendiculaire A C, & l'incliné DF au poinct B : & que AR soit

moyenne proportionnelle entre A C &
A B ; & ſemblablement F S ſoit moyen-
re proportionnelle entre B F & F B, ie dis
que le temps de la cheute par le plan A C
eſt à celuy de la cheute par A B ioint à B
D, comme A C à A R iointe à S D, qui eſt
l'excez du plan D F ſur F S. Il arriue la
meſme choſe, ſi au lieu du plan perpendiculaire A C, l'on prend tel autre plan
qu'on voudra, comme eſt N O.

PROPOSITION XIII.

Le plan perpendiculaire eſtant donné, luy appli-
quer tellement vn plan incliné de meſme hau-
teur, que la cheute ſe faſſe ſur ce plan incliné
en meſme temps que ſur ledit plan perpendicu-
laire, lors que la cheute commence de ſon poinct
de repos.

SI dans la figure precedente l'on fait
que C O ſoit eſgal à B C, & qu'ayant
mené la ligne B O, l'on fait que le plan B
D ſoit eſgal à B O, & O C, B D ſera le plan
ſur lequel la cheute du mobile venant du

poinct de repos A, se fera en mesme
temps que la cheute d'A en B.

PROPOSITION XIV.

Le plan perpendiculaire estant donné, & le plan
incliné dessus, trouuer vne partie dans le plan
superieur perpendiculaire, sur laquelle la cheu-
te commençant du poinct du repos, se fasse en
mesme temps, qu'elle se fait sur le plan incliné
apres la cheute faite dans ladite partie de son
plan perpendiculaire.

SOit le plan perpendiculaire GC dans
la figure precedente, & que B D soit le
plan incliné qui luy est appliqué, l'on
trouuera dans le plan B G vne partie, sur
laquelle la cheute commençant du repos, se fera en temps esgal à celuy de la
cheute qui se continuera sur B D.

Soit menee l'horizontale C D, & que
comme C B plus la double de B D, est à
D B, ainsi soit D B à B S, & comme C B à
B D, ainsi soit S B à B F, & que du poinct
F soit menee la perpendiculaire F A, ie
dis que X est le poinct requis.

ARTICLE V.

Contenant le reſte des propoſitions qui concernent
le mouuement naturel.

CEt article contient tout ce qu'il y a
de plus excellent, & de plus neceſſaire dans le reſte des propoſitions de
Galilee, qui ſont iuſques au nombre de
trente-huict, dont nous en auons donné
quatorze cy-deuant, de ſorte qu'il en
reſte encore vingt-huict, dont la quin-
ziefme eſt vn Probleme, qui ſert pour
trouuer vne partie du plan perpendiculaire deſcendant plus bas que le poinct
où commence le plan incliné, ſur laquelle la cheute ſe faſſe en meſme temps que
ſur le plan incliné, ſur lequel le mobile
deſcend apres auoir commencé ſa deſcente dans la partie ſuperieure du plan
perpendiculaire.

La ſeiziefme eſt vn Theoreme, qui
montre que ſi les parties du plan incliné
& du perpendiculaire ſur leſquelles les
cheutes ſe font en meſme temps, ſont
iointes par vn meſme poinct, le mobile
venant

venant de telle autre plus grande hauteur que l'on voudra, parcourra pluſtoſt
ladite partie du plan incliné, que celle
du perpendiculaire : ce qui ſemble fort
eſtrange.

La dixſeptieſme eſt vn Probleme, lequel enſeigne à trouuer dans vn plan
donné, incliné ſur vn plan perpendiculaire donné, vne partie, ſur laquelle ſe
faſſe la cheute du mobile, qui a commencé àſe mouuoir par le plan perpendiculaire, en meſme temps, qu'il s'eſt meu
depuis le poinct de ſon repos par ledit
perpendiculaire.

La dix-huictieſme eſt vn autre Probleme, qui ſert pour trouuer dans le plan
perpendiculaire, dont l'eſpace parcouru
depuis le repos eſt donné, auec le temps
de la cheute, vn autre eſpace dans le
meſme plan perpendiculaire, ſur lequel
ſe faſſe la cheute en vn temps donné, qui
ſoit moindre, que quelque autre temps
moindre que le premier temps donné.

La dix-neufieſme eſt encore vn Probleme, qui ſert pour trouuer (apres auoir
ſuppoſe vn eſpace donné tel qu'on voudra d'vn plan perpendiculaire auec le

temps de la cheute par iceluy, depuis le repos) le temps, auquel ſe continuë la cheute du meſme mobile par vn autre eſpace eſgal, pris en tel lieu dudit perpendiculaire qu'on voudra.

La vingtieſme monſtre à trouuer vn eſpace vers la fin d'vn plan, qui ſoit parcouru en meſme temps, qu'vn autre eſpace parcouru dés le commencement dudit plan : ce qui eſt aiſé, car ſi dans le plan C B, le temps de la cheute par C D eſt donné, l'on trouuera que A B eſt l'eſpace vers la fin du meſme plan, par lequel la cheute continuee ſe fera en meſme temps que par D C, lequel eſt le lieu du repos. Et pour ce ſujet, il faut trouuer la moyéne proportionnelle entre B C & C D, laquelle ſoit B A, & puis la troiſieſme proportionnelle de B C, C A, laquelle eſt C E.

Or l'on demonſtre que A B eſt l'eſpace cherché en cette maniere. Si l'on ſuppoſe que le temps de la cheute par C B, ſoit cóme C B, la moyenne proportionnelle B A ſera le temps de la cheute par C D; & parce que C A

eſt moyenne proportionnelle entre B C,
C E: C A, ſera l'e temps de la cheute par
C E, or le plan entier BC eſt le temps de
la cheute par B C, donc B A, qui a reſté,
ſera le temps de la cheute par E B apres la
cheute depuis C. Mais le meſme eſpace B
A eſtoit le téps de la cheute par C D, dóc
les cheutes ſont eſgales par C E & E B.

La vingt-vnieſme eſt vn Theoreme,
lequel enſeigne, que quand la cheute ſe
fait de ſon point de repos ſur le plan perpendiculaire, dans lequel on prend vne
partie parcourue depuis le repos, en tel
temps qu'on voudra, apres laquelle la
cheute continuë à ſe faire par vn plan incliné comme l'on voudra, l'eſpace parcouru ſur ce plan, en meſme temps que le
plan precedent, eſt plus que double, &
moins que triple dudit eſpace parcouru.
Il faut conclure la meſme choſe des
cheutes qui ſe font ſur deux plans inclinez, dont le premier eſt moins incliné, &
le ſecond l'eſt dauantage.

La vingt-deuxieſme eſt vn Probleme,
lequel ayant ſuppoſé deux temps ineſgaux, & vn eſpace dans le plan perpendiculaire, parcouru depuis le repos du

raut le moindre de ces deux temps, enfeigne à flefchir vn plan, commençant au
haut du perpendiculaire, & finiſſanr à l'o-
rizon, par lequel le mobile tombe durant
l'autre temps le plus long.

La vingt-troiſieſme eſt encore vn Probleme, qui monſtre comme il faut tellement flefchir vn plan depuis la fin du
perpendiculaire, ſur lequel on a pris vn
eſpace parcouru en tel temps qu'on veut,
depuis le repos, que la cheute ſe continuë ſur ledit plan fléchy, ou incliné, en
telle forte que le mobile y parcoure vn
eſpace eſgal, à tel autre eſpace que l'on
voudra, & ce en meſme temps que la
cheute s'eſt faite ſur ce plan perpendiculaire, pouruen que cét eſpace ſoit plus
grand que le double, & moindre que le
triple de l'eſpace perpendilaire.

Galilee conclud de fort belles choſes
dans le ſcholie de cette propoſition, cô-

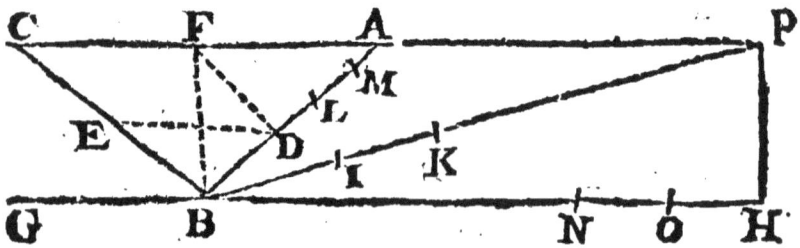

me l'on void dans cette figure, CH, dans

laquelle foient les plans P B, & A B inclinez, fur l'orizon G N, la boule qui
roulera d'A en B , acquiert en B vne impetuofité qui la fait remonter auffi haut
en C : & fi elle redefcend de C en B , elle
conçoit vne impetuofité qui la fera encore remonter au poinct A par le plan B A,
ou par l'autre plan B P; c'eft à dire à mefme hauteur de l'orifon, dont elle eft defcenduë : de forte que cette boule eft
femblable à l'eau qui remonte auffi haut
que fa fource, comme l'on void dans le
fiphon : or fi au lieu de defcendre d'A
iufques en B, elle conuertiffoit fon mouuement par l'orifon de D en E, elle feroit
vn interualle deux fois plus grand que A
D fur D E prolongé ; mais fi elle rouloit
de C en B, & qu'apres elle roulaft fur l'o-
rifon B H, elle iroit de B en O en mefme
temps qu'elle eft defcenduë de C en B.
parce que B O eft double de C B, & fi ledit plan B H eftoit prolongé à l'infiny, elle rouleroit toufiours deffus de mefme
viftelle, fans iamais finir fon mouuement. Et comme en defcendant d'A en
D, & rencontrant le plan D F, elle mon-
teroit iufques à F, fi elle rouloit de D en

E, elle auroit la mefme impetuofité en E, qu'en D, & par eonfequent elle remonteroit iufques en C. D'où il s'enfuit que la boule qui apres eftre tombee de C en B, remonte iufques en A, ou en P, redefcend autant par fa pefanceur en montant, côme elle eft defcenduë de C en B : car fi fa pefanteur n'agiffoit nullement, elle feroit en montant fur le plan B A vn efpace double de C B, en vn temps efgal à celuy qu'elle a employé à defcendre de C B ; de forte que la montee de B en A, ou de B en P, eft compofee de deux mouuemens efgaux, dont l' vn defcend fuiuant la raifon de la viftefle des cheutes, dont nous auons parlé, & l'autre qui continuëroit toufiours la vitefle de l'impetuofité aequife en B, perd la moitié de cette impetuofité, depuis B iufques à A , c'eft pourquoy elle ne môte que iufqu'en A.

Prop. 24. Th. 15. Le plan perpendiculaire eftant donné entre deux lignes horizontales paralleles, & le plan oblique efleué depuis l'extremité inferieure dudit perpendiculaire, l'efpace que fait le mobile fur le plan incliné en mefme téps qu'il tombe par ledit perpendiculaire, eft

plus grand que le perpendiculaire, &
toutefois il est moindre que le double du
perpendiculaire.

Dans la figure precedente, entre les
paralleles horizontales C A & G N, soit
la perpendiculaire F B, & le plan esleué
B A, sur lequel la boule estant tombee
de F en B, remonte vers A; ie dis que l'espace, par lequel la boule monte dans vn
temps esgal à celuy de sa cheute de F en
B, est plus grand que F B, & moindre que
le double de F B. Que B L, soit esgal à
F B, & que L A soit a M A, comme B A à
L A, M est le poinct iusques où elle re-
montera en temps esgal : or B M est plus
grand que F B, mais moindre que le double de F B.

Prop. 25. Theor. 16. Si la cheute qui se
fait sur vn plan incliné, continuë sur le
plan horizontal, le temps de la cheute
par le plan incliné sera au mouuement
sur l'orizontal, comme la double longueur du plan incliné à la ligne de l'o-
rizon.

Prop. 26. Probl. 10. Vn plan perpendiculaire entre deux lignes paralleles
horizontales estant donné, & vn espace

plus grand que ledit perpendiculaire
eſtant donné, pourueu qu'il ne ſoit pas
deux fois ſi long que ledit perpendiculaire, eſleuer vn plan incliné depuis l'extremité inferieure du perpendiculaire entre
les meſmes horizontales, ſur lequel le
mobile eſtant tombé par le perpendiculaire, faſſe vn eſpace eſgal, (en ſe reflef-
chiſſant en haut) en temps eſgal à l'eſpace & au temps de la cheute par le plan
perpendiculaire.

Soit entre les meſmes horizontales le
plan perpendiculaire F B, dans la figure precedente ; & que R V ſoit plus grande que F B, & neantmoins moindre que
deux fois F B; l'on trouuera le plan cherché, qui s'eſleuera du poinct B entre leſdites horizontales, ſur lequel le mobile
eſtant tombé de F en B, ſe reflefchira de

Q   R   S   T V

B vers P, dans le temps eſgal de la cheute
de F B, en faiſant le chemin eſgal à R V,
en cette maniere. Que V S ſoit eſgale à
F B, le reſte S R ſera moindre que F B,
puiſque R V eſt moindre que le double

de F B. Que S T ſoit eſgale à S R, & que
comme V T à T S, ainſi S R à R Q, & que
de B ſoit eſleuee le plan B P eſgal à V Q,
ie dis que ce plan eſt le cherché. Car
ſoient B I, I K eſgales à V S, S R, puiſque
V T eſt à T S, comme S R à R Q, V S ſera
à S T en compoſant, comme S Q à Q R;
c'eſt à dire comme V S eſt à S R, ainſi S Q
à Q R, ou comme B P à P I, ainſi I P à P K.
Or ſi le temps par F B eſt F B, P B ſera le
temps du mouuement par P B, & T P le
temps par P K; & le reſte B I ſera le temps
par K P, lors que le mobile tombe de P
en B. Mais le temps de la cheute par K B
du poinct de repos P, eſt eſgal au temps
de la montee de B en K, apres la cheute
par F B, donc P B eſt le plan eſleué du
poinct B, ſur lequel le mobile venant du
poinct F en B, parcourt dans le temps B I,
ou B F, l'eſpace B K eſgal à l'eſpace donné V R; ce qu'il falloit faire.

Prop. 27. Theor. 17. Lors que le mobile deſcend ſur des plans ineſgaux de
meſme hauteur, l'eſpace que parcourt
le mobile vers la fin du plan plus long,
dans le meſme temps qu'il parcourt le
plus court, eſt eſgal à l'eſpace compoſé

dudit plan plus court, & de la partie, à laquelle ce plan a mefme raifon, que le plus
long à l'excez par lequel il furpaffe le
plus court.

Ce que i'explique par cette figure ,

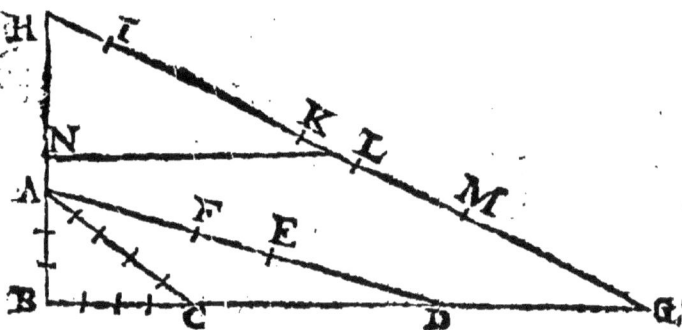

dans laquelle le plus grand plan eft A D,
& le moindre A C de mefme hauteur ; fi
l'on prend depuis l'extremité D, D E efgal à C A, & que D E ait mefme raifon à
E F, que D A à A E, (qui eft l'excez de
D A par deffus A C) ie dis que l'efpace F
D eft parcouru par le mobile tombant de
A dans vn temps efgal à celuy qu'il employe à defcendre par A C.

Prop. 28. Theor. 18. Que la ligne horizontale A B touche le cercle, & du poinct
d'attouchement A foit defcrit le diametre A E ; & foient auffi defcrites les deux
chordes, ou fouftentantes telles qu'on

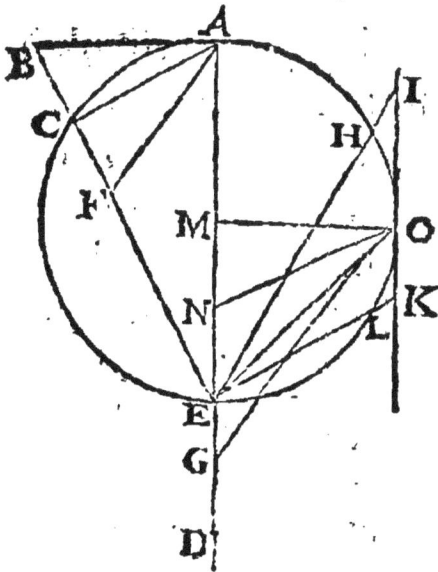

voudra, comme font A C E. Si l'on veut fçauoir qu'elle proportion il y a du temps de la defcente par AE au temps de la cheute par les deux chordes A CE, & que E C foit prolongee iufques à la tangente en B, & que l'angle E A C foit diuifé par la moitié, par la ligne A F. ie dis que le temps de la defcente par A E, eft au temps par A C E, comme AC à A C F.

Prop. 2 9. Vn efpace horizontal eftant donné, fur lequel foit efleué vn plan perpendiculaire, duquel on prenne vne partie fous-double dudit plan horizontal, le mobile defcendant de cette hauteur, lequel continuëra fon mouuement fur le plan horizontal, parcourra cét efpace horizontal auec ledit perpendiculaire, en moins de temps que tel autre partie qu'on voudra, plus ou moins grande du

plan perpendiculaire, auec le meſme eſpace horizontal.

Prop. 30. Si vn plan perpendiculaire
deſcend de quelque poinct de l'horizontal, & que d'vn autre poinct de l'horizontal il falle mener vn plan incliné iuſques au perpendiculaire, ſur lequel incliné, le mobile deſcend iuſques au perpendiculaire dans le moindre de tous les
temps, ce plan coupera vne partie du
plan perpendiculaire, eſgal à la diſtance
que le poinct pris dans le plan horizontal, a dans l'extremité du perpendiculaire.

Ce que i'explique par la figure precedente, car ſoit le plan perpendiculaire
M D deſcendant du poinct M, du poinct
horizontal M D, & que M E ſoit eſgal à
M O, & puis ſoit menée la ligne O E; ie dis
que ce plan O E eſt celuy, ſur lequel la
deſcente ſe fera en moins de temps, que
ſur aucun autre qui puiſſe eſtre. Car la
cheute de I en E, & de O en G, & de K en
E, dure plus long-temps, puiſque la
cheute qui ſe fait des poincts H, & L en
E, ſe fait en meſme temps que celle depuis O iuſques en E. Quant au plan O N,

puis qu'il eſt parallele à K E, & de meſme
inclination, à raiſon que la tangente I K
eſt parallele au plan perpendiculaire M
D, il eſt éuident que ſa cheute dure autant que celle de K en E, & partant la
cheute ſe fait d'O en E dans vn moindre
temps que ſur tous leſdits plans.

Prop. 31. Theor. 20. Si l'on tire vne ligne inclinee ſur l'horizon, telle que l'on
voudra, le plan qui ſera mené depuis le
poinct marqué ſur l'horizon iuſques au
plan incliné, & ſur lequel la deſcente ſe
doit faire dans le temps le plus court, eſt
celuy qui diuiſe par la moitié l'angle cô-
pris par les deux perpédiculaires menees
du poinct ſuſdit, l'vne à la ligne horizontale, & l'autre à la la ligne inclinee.

Prop. 32. Theor. 21. Si l'on préd deux
poincts dans l'horizon, & que de chacun
d'iceux l'on incline telle ligne qu'on
voudra vers l'vn ou l'autre; d'où par apres
l'on mene vne ligne droicte à l'inclinee,
dont elle retranche vne partie eſgale à
celle qui eſt entre les poincts de l'horizon, la cheute s'y fera plus viſte que par
quelque autre ſorte de ligne droicte qui
ſe puiſſe mener du meſme poinct à la meſ-

me incline, Et és autres qui en font efloignees d'vn cofté & d'autre par des angles
efgaux, les cheutes fe font en des temps
égaux.

Prop 33. Probl. 12. Le plan perpendiculaire & le plan incliné fur luy eftans
dónez de mefme hauteur, dont le poinct
fuperieur foit le mefme, trouuer vn point
dans le plan perpendiculaire prolongé,
plus haut, dont la cheute du mobile fe
mouuant apres fur le plan incliné, fe fâffe
fur ce plan en mefme temps, qu'il par-
courroit le mefne plan perpendiculaire,
en commençant au poinct du repos.

Prop. 34. Probl. 13. Le plan incliné &
le perpendiculaire eftans donnez, & cô-
mençant à vn mefme poinct fuperieur,
trouuer vn poinct plus haut dans le per-
pédiculaire prolongé, d'où le mobile tô-
bant, & continuant fa cheute par le plan
incliné, parcoure l'vn & l'autre en mefme temps, qu'il parcourt le feul plan incliné, lors que la cheute commence de
fon repos au haut dudit poinct.

Prop. 35. Probl. 14. Le plan incliné
appliqué au perpendiculaire, eftant donné, y trouuer vne partie, dans laquelle

feule la cheute fe faffe, depuis le repos,
en mefme temps, qu'elle fe fait fur elle,
iointe au perpendiculaire.

Prop. 36. Theor. 22. Si dans vn cercle
efleué fur l'horizon l'on efleue vn plan
qui ne fouftende point vne plus grande
partie de cercle, que le quart, de forte
que l'on mene de fes extremitez deux autres plans à tel poinct de la circonference qu'on voudra, la cheute fe fera pluftoft par ces deux plás inclinez, que dans
le feul premier efleué, ou que dans l'vn
ou l'autre d'iceux, à fçauoir dans l'inferieur.

Prop. 37. Probl. 15. Le perpendiculaire & l'incliné eftans donnez, de mefme hauteur, trouuer vne partie dans l'incliné efgale au perpendiculaire, laquelle
foit parcouruë en mefme temps que luy.

Prop. 38, Probl. 16, Deux plans horizontaux coupez par le perpendiculaire,
eftans donnez, trouuer vn poinct vers le
haut du perpendiculaire : d'où les mobiles tombans & continuans leurs mouuemens fur les plans horizontaux, ils par-
courent en des temps efgaux à ceux durant lefquels fe font les cheutes fur le

plan horizontal superieur, & sur l'inferieur, des espaces qui ayent telle raison
entr'eux qu'on voudra.

Voila toutes les propositions qui ap-
partiennent au mouuement naturel des
corps pesans, qui tombent vers le centre,
tant perpendiculairement que sur tel
plan incliné que l'on voudra, dont nous
pourrons vne autre fois adiouster les de-
monstrations auec toutes les figures ne-
cessaires à ce sujet. Mais pour peu que
que l'on y ait compris, l'on en sçaura assez pour entendre le Liure qui suit.

Fin du quatriesme Liure.

LIVRE CINQVIESME.
DES NOVVELLES
PENSEES DE GALILEE.

DES MOVVEMENTS
violents.

ARTICLE PREMIER.

De la figure descrite par les mouuements violents.

IL faut icy supposer que le mouuement violent de toutes sortes
des missiles, comme est celuy
d'vne pierre qu'on iette, ou d'vn boulet
de canon, d'vne flecche, &c est composé
du mouuement esgal, dont nous auons
parlé dans le troisiesme Liure, & du

P.

mouuement naturel, qui augmente fes degrez fuiuant la proportion expliquée dans le troifiefme Liure. Or i'appelle *miſsile*, ce qui eſt ietté par force, ſoit auec la main, la fonde, l'arc, l'harquebuſe, ou autrement : cecy poſé, voyons les propoſitions de noſtre Liure.

PROPOSITION I.

Lors que le mouuement du miſsile eſt compoſé du mouuement horizontal eſgal en toutes ſes parties, & du mouuement naturel qui haſte ſa courſe vers le centre de la terre, il deſcrit vne demie parabole par ſon mouuement.

POVR entendre cette Propoſition fondamentale, & celles qui ſuiuent apres, il faut remarquer qu'vne boule pouſſee ſur vn plan horizontal iroit touſiours de meſme viteſſe, parce qu'eſtant touſiours eſgalement eſloignee du centre de la terre, elle n'a nul ſujet d'augmenter ſon mouuement, lequel dureroit touſiours s'il ne rencontroit nul empeſ-

chement : De là vient que Galilee s'eft
imaginé que la terre fe meut toufiours
d'vne efgale viteffe autour de fon centre,
par fon mouuement iournalier : de forte qu'vne boule conferue toufiours le
mefme degré de mouuement fur le plan
horizontal qu'elle s'eft acquis en defcendant par le plan perpendiculaire , ou par
vn plan incliné. Car Galilee fuppofe
qu'il n'y ait point d'air, ny d'autre chofe
qui puiffe empefcher l'efgalité horizontale de ce mouuement.

Cecy pofé , il explique la precedente
Propofition par cette figure, qui feruira
pour entendre tout ce Liure. Soit donc
O B H G le plan horizontal, fur lequel le
miffile fe meuue d'vn mouuement efgal,
de forte qu'il commence à perdre cét horizon en B , & qu'au lieu de pourfuiure
par H F, L, &c. il commence à defcendre au poinct B par la ligne B P, ou B I,
à caufe de fa pefanteur naturelle, qui l'a-
baiffe vers le centre C, en paffant par I,
M & N iufques à D, ou le miffile trouue
le plan horizontal, c'eft à dire la terre qui
l'empefche de paffer outre. Ie dis que le
miffile defcrira la ligne parabolique B I

M N D, au lieu qu'il iroit par la ligne ho-

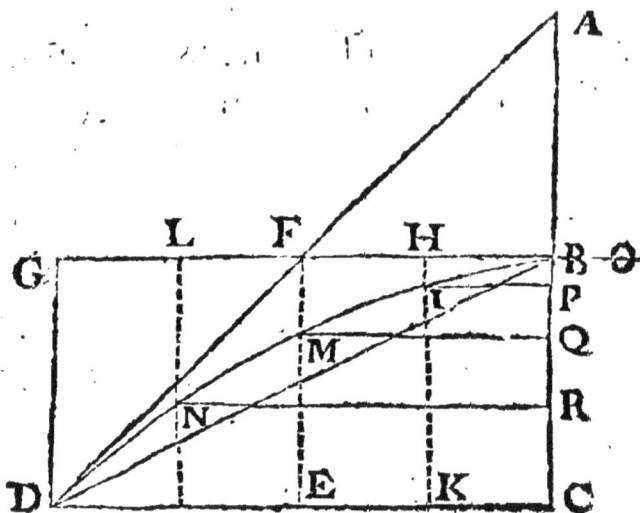

rizontale B G, ſi B G eſtoit vn plan horizontal dur & ferme qui ſouſtint le mobile

Or pour mieux entendre cecy, faiſons
que l'horiſon B G ſoit diuiſé en quatre
parties eſgales, par les poinɛts H, F, E, &
que de ces poinɛts ſoient menees des lignes paralleles à B C, ſur le plan D C.
Cecy eſtant poſé, ie prends H I, qui reſpond à B P dans la perpendiculaire B C,
pour la cheute naturelle que fait le miſſile
vers K, tandis qu'il ſe meut de B en H.
Et puis ie prends le quadruple de H I, à
ſçauoir F M ; & I N le nonuple, & finalement le ſexdecuple C D, à raiſon qu'és

quatre temps esgaux reprefentez par les
quatre efpaces efgaux de l'horizon B G,
ou C D, efquels il faut conceuoir que le
mobile fe meut d'vn mouuement efgal,
il eft conftant, par le Liure precedent, que
le mobile hafte fa courfe vers le centre
de la terre, fuiuant les nombres quarrez
qui fe fuiuent immediatement, depuis
l'vnité, à fçauoir, 1, 4, 9, 16, &c c'eft à
dire fuiuant les quarrez des temps efgaux B H, H F, F L, & L G, ou en raifon
doublee de ces efpaces : car à chaque
moment le miffile defcend par des efpaces qui fuiuent les nombres impairs depuis l'vnité, à fçauoir, 1, 3, 5, 7, &c. lefquels eftans adiouftez font lefdits quarrez.

Quant aux lignes menees des poincts
I, M, N, D. paralleles à B G, & perpendiculaires à B C, qui aboutiffent aux points
P, Q. R, C, elles font des efpaces efgaux
à H I, F M, L N, & G D, pour monftrer la
proportion de la cheute perpendiculaire par la ligne B C.

Surquoy il faut encore remarquer
que le quarré D C, qui eft la plus grande
des ordonnees de cette parabole, eft au

P iij

quarré R N, comme la ligne C B à R B;
le quarré R N au quarré Q M, comme
R B à Q B ; & finalement que le quarré Q
M est au quarré I P, comme Q B à P B;
d'où l'on conclud que les poincts I, M, N,
& D, passent par la parabole B I M N D :
& par conséquent que le mobile pesant
considéré dans le vuide sans aucun empeschement, (comme Galilee le considere) estant ietté par quelque force que
ce soit, descrit la moitié d'vne parabole,
dont la base ou la derniere ordonnee se
termine sur la terre au poinct D ; & est
plus ou moins grande suiuant que la force dont l'on iette le mobile, est plus ou
moins grande.

ARTICLE II.

Des empeschemens de l'air qui rompt la fi-
gure parabolique.

IL est certain que les missiles ne font pas
des paraboles parfaites par leurs mouuemens, comme l'on s'imagine dans le
vuide, à raison de l'empeschement de

l'air, qui empefche premierement la proportion des viteffes, que nous auons
eftablies dans les mouuemens naturels:
car l'experience fait voir que chaque
corps qui defcend, perd dauantage de
cette viteffe, quand il eft moins pefant,
fuiuant la refiftance de l'air : de forte que
la ligne parabolique des miffiles eft dau+
tant plus imparfaite que les corps font
plus legers, car ils font pluftoft reduits à
vn mouuement efgal, lequel ne s'augmente plus apres vn certain efpace. En
fecond lieu, l'air empefche l'efgalité du
mouuement horizontal ; de forte qu'au
lieu que le miffile iroit auffi vifte à la fin
qu'au commencement, fi on le iettoit dás
le vuide, il va beaucoup plus lentement
dans l'air fur la fin de fon mouuement.

Neantmoins fi l'on vfe des corps fort
pefans & ronds dans les experiences, cóme font les bales de plomb, il pretend
que l'air empefchera fort peu la ligne parabolique, puifque nous voyons qu'és
defcentes des boules de bois dix ou douze fois plus legeres que celles de plomb,
l'air y apporte fi peu de difference, que
dans la hauteur de cent ou deux cens

braſſes, elle eſt fort peu ſenſible & remar-
quable, dont il a eſté parlé ſi amplement
depuis l'onzieſme Article du premier Liure, iuſques au vingtieſme, qu'il n'eſt pas
beſoin d'y rien adiouſter : car nous y
auons parlé des poids attachez aux chordes, & des autres mouuemens, & de
l'empeſchement de l'air. Quoy qu'il en
ſoit, Galilee pretend que le mouuement
des fleches, des pierres & des autres miſſiles, n'alterent gueres la figure parabolique de leur mouuement; Voyons les autres Propoſitions, qui ſeruent pour la
conſtruction d'vne table, laquelle monſtre la grandeur des volees de canon, ſuiuant les differens degrez d'eleuation,
pourueu que l'on conſidere touſiours
leur mouuement dans le vuide, & ſans
aucun empeſchement.

ARTICLE III.

Contenant l'explication de la deux & troisief-
me Proposition de Galilee.

CE T Article eſt fort vtile, à raiſon
des belles ſpeculations qu'il contient, dont la premiere ſe void dans la
deuxieſme Propoſition qui ſuit.

PROPOSITION II.

Lors qu'vn mobile ſe meut de deux mouue-
mens eſgaux, dont l'vn eſt horiZontal, &
l'autre perpendiculaire, l'impetuoſité du
mouuement compoſé des deux eſt eſgale en
puiſſance aux deux impetuoſitez des deux
mouuemens.

CE que i'explique par cette figure
priſe de la huictieſme addition des
Mechaniques; car ſi l'on conçoit que le
mobile ſe meuue par la perpendiculaire
A C, tandis qu'il ſe meut par l'horizon-

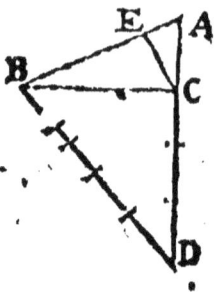

tale C B, il eſt euident qu'il deſcrira la
diagonale A B, & par con-
ſequent que les deux impetuoſitez des deux mouue-
mens par A C & C B, com-
poſeront vne troiſieſme impetuoſité, qui ſera aux deux
precedentes, comme A B eſt à A C & C
B. Ie ne repere point ce qui a eſté dit de
l'vſage des autres lignes de cette figure
dans ladite addition. Mais parce que le
mouuement des miſſiles n'eſt pas compoſé de deux mouuemens eſgaux, mais
de l'eſgal horizontal par C B, & de celuy
qui augmente ſa viteſſe par A C, & qui
luy fait deſcrire la parabole, dont i'ay
parlé dans la propoſition precedente : il
faut vſer d'vne autre maniere pour trouuer l'impetuoſité du miſſile en tel poinct
de la parabole qu'on voudra : c'eſt à
quoy ſeruent les Proſitions qui ſuiuent.

PROPOSITION III.

QVE le mouuement ſe faſſe par la ligne AB du poinct de repos A; dans

laquelle soit pris tel poinct qu'on voudra côme C,
& que A C,
A soit la mesure
du temps par
C A C, & de
l'impetuosité
S acquise en C
par la cheute
B depuis A. De
rechef, soit
pris dans la mesme ligne A B, tel autre
poinct qu'on voudra, comme B, duquel
l'on trouuera l'impetuosité acquise depuis A iusques à B, & par consequent la
raison de l'impetuosité B à celle de C,
dont la mesure est A C, en trouuant la
moyenne proportionnelle A S, laquelle
monstre que l'impetuosité de B est à celle
de C, comme A C à S A.

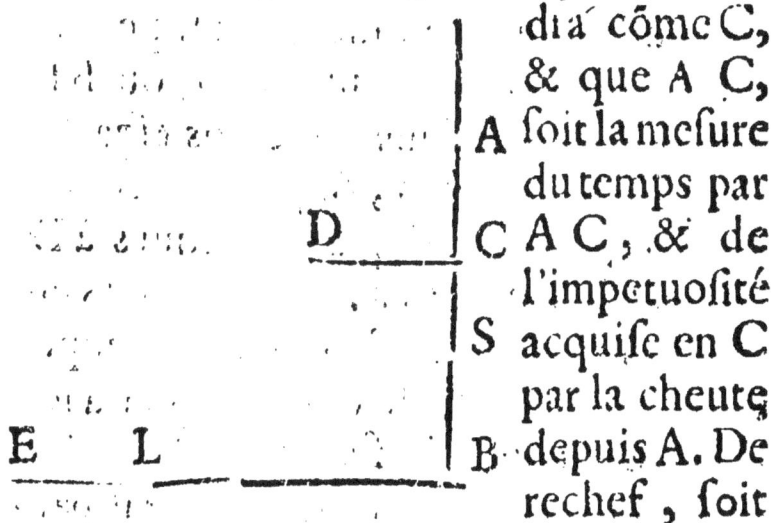

Cecy posé, voicy ce que l'on en conclud. Soit C D double de A C, & B E
double de B A, puis qu'il a esté demonstré dans le Liure precedent, que le mobile quittant le perpendiculaire, fait
deux fois autant de chemin en mesme
temps, que celuy qu'il a fait dans le per-

pendiculaire; il s'enfuit que le mobile
qui quîtte A C au poinct C ou B, pour aller fur le plan horizontal CD, ou B E,
fait CD, ou B E dans vn temps efgal au
temps A C, ou A B, & par confequent
que l'impetuofité depuis C iufques à D,
ou depuis B iufques à E, eft toufiours efgale à l'impetuofité C, ou B, car l'impetuofité, & le degré de viteffe fe prend icy
pour vne mefme chofe.

D'où il eft euident que B E eft parcouru durant le temps A S. Et fi le temps
S A, au temps C A eft comme E B à L B,
puifque le mouuemènt par B E eft efgal,
L B fera parcouru dans le temps A C, &
aura l'impetuofité de B. Mais CD eft parcouru en mefme temps par l'impetuofité
C : donc l'impetuofité de C eft à celle de
B, comme BC à B L.

Et parce que comme D C à B E, ainfi
leurs moitiez C A à A B. & comme E B à
B L, ainfi B A à S A : donc comme D C à
B L, ainfi C A à S A, c'eft à dire comme
l'impetuofité de C à celle de B, ainfi C A
à S A, c'eft à dire le temps par A C, au
temps par A B. Par où l'on a le moyen de
mefurer toutes fortes d'impetuofitez, ou

de viteffes dans la ligne de la defcente
des corps pefans.

Vray moyen de mefurer la force ou l'impetuo-
fité des Mifsiles.

PViſque leur mouuement eſt compoſé
de l'eſgal, & du naturel, & que l'eſgal peut auoir vne infinité de differentes
viteſſes, & impetuofitez, il eſt aſſez à propos de meſurer l'eſgal par le naturel, ce
que ie fais entendre par la figure de la
premiere Propofition.

Soit donc B C perpendiculaire à l'horizon D C, & que B C foit la hauteur de
la demie parabole B D, & D C fa largeur,
laquelle Galilée nomme *amplitude.* Or
cette largeur eſt produite par le mouuement du mobile qui defcend par B C en
haſtant fa cheute depuis fon poinct de
repos B iuſques à C, fuiuant la proportion precedente, & par l'horizontal B G,
lequel eſt eſgal : de forte que l'impetuofité acquiſe en C, eſt determinee par la longueur A C, puis qu'elle eſt touſiours eſgale, toutes & quantes fois que la cheute fe fait de meſme hauteur; mais le mou-

uement horizontal eftant capable d'vne

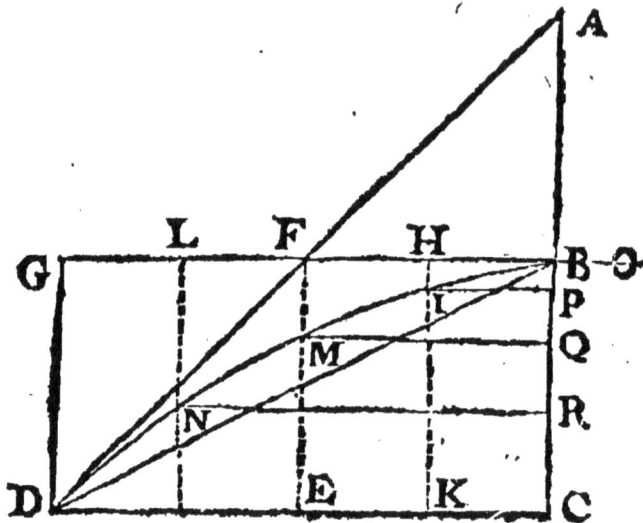

infinité de differences, il faut prendre la
perpendiculaire C B, & la prolonger en
haut vers A tant que l'on voudra, & qu'il
fera neceffaire pour donner au mobile là
viteffe qu'il doit auoir dans la ligne horizontale B G, fur laquelle il retient toufiours la mefme impetuofité qu'il aura acquife au poinct B en tombant de la
hauteur donnee A.

Mais afin de proceder plus clairemét,
nous appellerons cette ligne depuis B
iufques à A, *fublimité*, afin de la diftinguer d'auec la hauteur B C, qui eft l'axe
de la demie parabole B D. Ie laiffe main-

tenant la penſee de Galilee touchant la
deſcente naturelle des corps celeſtes en
droicte ligne, afin d'acquerir la viteſſe
dont ils ſe tornent , eſtant fort aiſé de
trouuer la ſublimité , dont ils ont deu
tóber, pour conuertir apres leur mouuement droict en rond, dautant que i'en ay
parlé fort amplement dans le deuxieſme
Liure des Mouuemens harmoniques,
Propoſition ſixieſme, où l'on void le calcul de tout ce qui ſe peut dire ſur ce ſu-
-jet.

ARTICLE IV.

De la maniere de determiner l'impetuoſité en
chaque poinct de la parabole donnee.

PROPOSITION IV.

SOIT encore la demie parabole BD,
ſa largeur DC, & ſa hauteur BC, laquelle eſtant prolongee rencontre la ta-
gente de la parabole DA au poinct A , &
ſoit menee par le ſommet B la parallele à
l'horizon BF. Si la largeur CD eſt eſga-

le à toute la hauteur C A, B F fera efgale
à B A, ou B C. Pofons que B A foit la
mefure du temps de la cheute par A B, &
de l'impetuofité acquife en B, D C (c'eſt
à dire la double de B F) fera l'efpace parcouru en mefme temps par l'impetuofité
A B, changee en mouuement horizontal. Or le mobile tombant en mefme
temps par Is C du repos B, parcourt B C,
donc le mobile venant du repos A iufques en B, fait l'efpace C D par fon changement fur l'horizon; Et fi l'on prend la
cheute par BC, il defcrit la parabole B D,
dont l'impetuofité en C eſt compofee de
l'horizontale, efgale à l'impetuofité A B,
& de l'autre impetuofité acquife par la
cheute B C au poinct C, & ces deux impetuofitez font efgales : de forte que fi
A B eſt la mefure de l'vne, & B F de l'autre, la fouftenduë F A fera l'impetuofité
compofee des deux precedentes ; & par
confequent F A monftre la force du coup
de canon qui fe feroit en D. Il eſt aifé de
determiner les impetuofitez de tous les
autres poincts de la parabole, par exemple, celuy du poinct N, ou M, &c.

Rem arque

Remarque pour la mesure inuariable des impetuositez.

IE fuppofe premierement que le mobile tombe dans le temps d'vne feconde minute, de la hauteur d'vne picque,
comme elle tombe en effect de la hauteur
de douze pieds; & partant nous conce-
urons touſiours la pique de douze pieds,
laquelle nous feruira pour trois fortes de
mefures, à fçauoir pour le temps, l'efpace, & l'impetuofité. Soit donc A B noſtre mefure inuariable, quoy qu'au
lieu d'vne picque on la puiſſe imaginer d'vne lieuë, ou de telle autre
hauteur qu'on voudra. Cecy pofé,
fi l on veut fçauoir l'impetuofité de
la cheute de B en C, par le rapport
au temps & à l'impetuofité par A B,
il faut prendre la moyenne proportionnelle entre A C, & A B, à fçauoir A D; car le temps de la defcente par AC, fera comme A D, comparé à
B A, ce qu'il faut auſſi conclure de la viteſſe, ou de l'impetuofité, qui croiſt en
mefme proportion que le temps.

Q

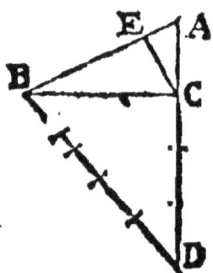

Mais il faut icy remarquer foigneufe-
ment que la diagonale, dont nous auons
parlé, fert feulement pour fçauoir la force de l'impetuofité, lois que le mouuement perpendiculaire eft auffi bien efgal
que l'horizontal, par exemple, dans le
triangle A B C, fi le mobile defcendant
d'A en C efgalement, a trois degrez de
viteffe ou de force en C,
& qu'il en ait quatre allant
auffi également de C en B,
la diagonale A B reprefen-
tera la force ou la viteffe
compofee, non côme fept,
qui eft compofé de quatre & de trois, que
ie fuppofe reprefenter les deux coftez B
C & C A dudit triangle, mais comme
cinq, qui eft la puiffance de quatre &
trois, puifqu'il fait vingt cinq pour fon
quarré efgal aux deux quarrez de quatre
& trois, c'eft à dire neuf & feize. Et parce que ces deux mouuemens font égaux,
le mobile paffant par la diagonale A B, a
toufiours vne force & vne impetuofité
efgale; laquelle s'augmente dans la ligne
parabolique, à caufe que le mouuement
naturel du mobile qui defcend, augmen-

te toufiours fa viftefle. C'eſt pourquoy il
faut y proceder d'vne autre maniere.

Par exemple, ſi la hauteur B C de ladite parabole B D, eſtoit moindre que la
ſublimité B A , il faudroit prendre la
moyenne proportionnelle entre ſa hauteur & ſa ſublimité, & la porter ſur l'horizontale B G : car la diagonale tirée de
ſon extremité iuſques à A, par exemple
F G, donneroit la quantité de l'impetuoſité qu'à le mobile à l'extremité de la parabole, c'eſt à dire en D.

Voyez la figure de la page 228.

Il faut neantmoins remarquer que
l'impetuoſité du coup ne depend pas
ſeulement de la viteſſe du mobile qui
frappe, mais auſſi du corps frappé, qui reçoit d'autant moins d'offenſe, qu'il cede
plus aiſément ; de ſorte qu'il n'eſt nullement frappé, s'il cede auſſi viſte que l'autre ſe meut : joint que s'il eſt frappé obli-
quement, comme il feroit par le mouuement tant horizontal, qu'oblique de la
parabole, le coup a moins d'effect ; de
ſorte qu'il faut que le corps frappe vn autre corps à angle droict, & qui ſoit im-
mobile pour auoir le coup dans la perfe-
ction de ſa force ; & meſme il ſera plus

fort fi le corps qui doit eftre frappé va à la
rencontre de celuy qui frappe.

ARTICLE V.

*Comme l'on trouue la hauteur de la cheute
neceſſaire pour deſcrire la parabole, & ſa
largeur, lors qu'on ſçait ſa hauteur & ſa
ſublimité.*

PROPOSITION V.

*Trouuer vn poinct dans l'axe prolongé en
haut de la parabole donnee, duquel le mobile tombant deſcriue ladite parabole.*

*Voyez
la figure
de la pa.
ge 228* SOɪᴛ la parabole B D conditionnee
comme deuant, l'on trouuera le poinct
cherché, en deſcriuant la ligne B F parallele à l'horizontale C D, & ayant fait A B
eſgale à B C, il faut mener la tangente de
la parabole B D, qui la touchera en D, &
qui coupera l'horizontal B G en F : cela
fait, la troiſieſme proportiondelle à B A,
& B F, qui commencera en B, & ira plus
haut que A, donnera le poinct cherché :

,d'où le mobile tombant iufques en B, &
continuant fon mouuement iufques en
C, defcrira cette demie parabole, pourueu que l'on s'imagine que fa viteffe acquife en B fe torne en la ligne B G, tandis
qu il continuë iufques en C.

D'où il s'enfuit que la moitié de la largeur C D eft moyenne proportionnelle,
entre la hauteur & la fublimité de la parabole.

PROPOSITION VI.

*La fublimité & la hauteur de la parabole
eftant donnee, trouuer fa largeur.*

IL faut feulement trouuer la moyenne
proportionnelle entre la fublimité & la
hauteur; car le double de cette moitié
donne l'amplitude ou largeur de la parabole.

Q iiij

PROPOSITION VII.

De tous les mobiles qui defcriuent des para-
boles de mefme largeur, celuy qui defcrit
la parabole, dont la largeur eft double de fa
hauteur, requiert la moindre impetuofité
de toutes les pofsibles.

CE т т ε Propofition eft l'vne des
plus excellentes, car elle demonftre
pourquoy la portee du canon à quarante
cinq degrez eft la plus longue de toutes,
comme l'on void dans la mefme demie
parabole, dont la longueur C D eft double de fa hauteur B C, & la fublimité B A
efgale à la hauteur : Que la ligne B F foit
coupee par la tangente A D, il eft euident que cette demie parabole eft defcrite par le miffile, ayant conuerty fon impetuofité B fur B G, lors qu'il defcend de
B en C : d'où il eft conftant que l'impetuofité confideree en D, & compofee des
deux fufdites, eft comme la diagonale A
F, laquelle eft efgale en puiffance à B F,
& B C. D'où il s'enfuit que le coup tiré

Voyez
la figure
de la pa.
ge 228.

de D en B defcrira la parabole D B, dont
la tangente fait l'angle demy droict, auec
moins de force que tel autre coup qu'on
voudra.

PROPOSITION VIII.

Les largeurs des paraboles defcrites par des
miſſiles iettez auec vne meſme impetuoſi-
té, à angles eſgaux tant deſſus que deſſous
la moitié de l'angle droict, ſont eſgales.

PAR exemple, puiſque vingt degrez
font vn angle plus petit de vingt-
cinq degrez que celuy de quarante-cinq,
& que ſeptante degrez font vn angle plus
grand de vingt-cinq degrez, le boulet
tiré à vingt degrez ira auſſi loin que celuy
qu'on tirera à ſeptante degrez, & ainſi
des autres.

PROPOSITION IX.

Lors que les hauteurs & les fublimitez des paraboles font en raifon reciproque, leurs largeurs font efgales.

COMME il arriué lors que l'vne a vne toife de hauteur, & dix toifes de fu-blimité, & l'autre dix toifes de hauteur, & vne de fublimité.

PROPOSITION X.

L'impetuofité de toute forte de demie parabole eft efgale à celle de la cheute qui fe fait par le plan perpendiculaire iufques à l'orizon, quand ledit perpendiculaire eft compofé de la hauteur, & de la fublimité de la para-bole.

PAR exemple, fi fa hauteur a neuf toifes, & fa fublimité fept, c'eft à dire fi le plan perpendiculaire a feize toifes de hauteur, l'impetuofité de l'extremité de la demie parabole aura seize degrez de force ou d'impetuosité. D'où l'on côclud que toutes les impetuositez des paraboles, dont les sublimitez iointes aux hauteurs, font des perpendiculaires esgales, font aussi esgales.

ARTICLE V.

PROP. XI. XII. XIII. & XIV.

L'impetuosité & la largeur de la demie parabole estans données, trouuer sa hauteur: & calculer les largeurs de toutes les demies paraboles descrites par des missiles enuoyez de mesme impetuosité, afin de les reduire en des tables: & finalement trouuer toutes leurs hauteurs, par la connoissance de leurs largeurs, mises dans la Table suiuante, lors que l'on retient la mesme impetuosité, & determiner leues hauteurs & sublimitéz par tous les degrez d'eleuation, lors que leurs largeurs doiuent estre égales.

CEt Article contient le fruict de ce V. Liure, parce qu'il donne les tables des portees du canon, & des au-

tres armes à feu ; mais il faut ſuppoſer
que la largeur de la demie parabole ſoit
10000. afin de pouuoir vſer des nombres
vulgaires qui ſe trouuent dans les tables
des tangentes & des ſexantes : cela poſé,
la moitié de la tangente de chaque degré
d'eſleuation donnera la hauteur : par exé-
ple, ſi la demie parabole a 30. degrez d'e-
leuation, & 10000. de largeur, ſa hauteur
ſera 2887. parce que ce nombre eſt quaſi
la moitié de la tangente.

Or apres auoir trouué la hauteur, l'on
trouuera la ſublimité : car puiſque nous
auons monſtré que la largeur de la demie
parabole eſt moyenne proportionnelle
entre la hauteur & la ſublimité, & que la
hauteur eſt deſia connuë, & que la moitié de la largeur eſt touſiours la meſme, à
ſçauoir 5000. ſi l'on diuiſe ſon quarré,
c'eſt à dire 25000000. par la hauteur
donnee 2887. le quotiente 8639. donnera la ſublimité cherchee.

D'où il s'enſuit clerement qu'il faut
touſiours vne plus grande impetuoſité
par deſſous ou par deſſus 45. degrez,
pour pouſſer le miſſile auſſi loin qu'à 45.
degrez, comme l'on void és tables qui

suinent, esquelles l'addition de la hauteur & de la sublimité donne vn moindre nombre, à sçauoir 10000. que nul autre : car si nous prenons, par exemple, 50. degrez d'esleuation, la hauteur sera 5959. & la sublimité 4196. qui font ensemble 10155. Il arriue la mesme chose à l'esleuation de 40. degrez, qui a sa hauteur de 4196. comme la sublimité de l'esleuation de 50. degrez : & sa sublimité de 5959. comme la hauteur de l'esleuation 50. Ce qui arriue semblablement à tous les degrez de l'esleuation qui sont esgalement distans de 45 degrez, soit par dessous ou par dessus.

Remarque merueillleuse.

L'Impetuosité infinie poussant vn missile perpendiculairement en haut, ne peut donner aucune largeur de parabole, & la mesme impetuosité ne peut aussi enuoyer le missile par vne ligne puremét horizontale : car la pesanteur naturelle fait tousiours incliner le missile vers le centre de la terre, & luy fait descrire vne parabole dautant moins haute, & plus large, que le mouuement horizontal est plus grand que le perpendiculaire.

A quoy l'on peut adiouſter, qu'vne
chorde ne peut auſſi tellement eſtre tenduë horizontalement, qu'elle ne ſe pan-
che vn peu ; ce qui luy fait faire vne figure parabolique aſſez iuſte & exacte, lors
que ſa courbure n'eſt point plus grande
que de 45. degrez, & neantmoins d'autant plus exacte qu'elle a moins de degrez d'inclination, c'eſt à dire qu'elle
approche d'auantage de la ligne droicte:
de ſorte que la peſanteur de la chorde
repreſente le poids qui deſcend vers le
centre de la terre, & la force qui la tire repreſente l'impetuoſité horizontale.

Experience contre Galilee.

S'Il eſt veritable qu'vne bale d'harquebuſe, par exemple, ne puiſſe avoir aucune portee horizontale, à raiſon qu'au
premier moment qu'elle ſort du canon,
elle commence à deſcendre, & que la deſcente n'eſt nullement empeſchee par le
mouuement violent, donc la bale doit
deſcendre de deux toiſes de haut dans
le temps d'vne ſeconde minute. Or la bale qui va de poinct en blanc employe vne

feconde minute à faire 75. toifes ; donc
fuppofé que le canon foit en A efleué
deux toifes de D en A fur l'horizon DE,
& qu'il tire d'A en C , c'eft à dire paral-
lelement à l'horifon, il ne donnera pas au
blanc C, mais deux toifes plus bas en E,
puifque dans le temps d'vne feconde le

boulet defcendroit de C en E, ou d'A en
D , par fon mouuement naturel : car la
portee de 75. toifes d'A en C, qui dure
vne feconde, n'empefche point la defcente perpendiculaire de C en E, laquelle fe doit faire par tous les poincts de la
ligne A C ; de forte que depuis A iufques à E , la bale defcrit vne parabole.
Mais il faut éprouuer fi la table tiree d'A
en C monte premierement en B, faifant
vn arc d'A en B, & vn autre de B en C,
comme font les fleches, fuiuant ce que
i'ay defia remarqué dans la derniere Pro-

pofition du fecond Liure des Mouuemens pag. 156. où il faut mettre à la quatriefme ligne *parallele*, au lieu de *perpendiculaire*, & *Galé* ligne 14. au lieu de *Galilee*.

ARTICLE VI.

*Explication des Tables qui determinent la
longueur des volees des Miſsiles.*

NOvs auons expliqué les quatre lignes qui feruent à determiner la
proiection des miſſiles, à ſçauoir l'amplitude, ou la largeur, qui monſtre la portee de chaque coup, la hauteur, qui eſt
l'axe de la parabole, la fublimité, & la ligne parabolique defcrite par le miſſile.
C'eſt pourquoy il ne reſte plus qu'à mettre icy les Tables dont Galilee a fait le
calcul, & dont la premiere contient la
largeur. ou l'amplitude des demies paraboles defcrites par vne meſme impetuoſité. La feconde donne leurs hauteurs, & la troiſiefme monſtre leurs hauteurs & leurs fublimitez, lors que leurs

amplitudes font efgales, à fçauoir de
10000. Mais il fuffit de mettre icy ces mefures de cinq en cinq degrez, au lieu qu'il
les a mifes pour tous.

I. TABLE. Pour la largeur des demies paraboles defcrites par vne mefme impetuofité.		II. TABLE. Pour leur. hauteur par vne mefme impetuofité.		III. TABL. Des hauteurs & fublimitez pour les mefmes largeurs de 10000.		
Degrez d'efleuation.	Largeurs.	Degrez d'efleuation.	Hauteurs.	Deg. d'ele. uatiõ.	Hau. teurs	Su bli mit
1	349	1	3	1	87	286533
5	1736	5	76	5	437	57147
10	3410	10	302	10	881	28367
15	5000	15	670	15	1339	18663
20	6428	20	1170	20	1820	13736
25	7660	25	1786	25	2332	10722
30	8659	30	2499	30	2887	8659
35	9396	35	3289	35	3501	7541
40	9848	40	4132	40	4196	5959
45	10000	45	5000	45	5000	5000
50	9848	50	5868	50	5959	4196
55	9396	55	6710	55	7141	3500
60	8659	60	7502	60	8600	2887

Degrez d'esle-uation.	Lar-geurs.	Degrez d'esle-uation.	Hau-teurs.	Degrez d'esle-uation.	Hau-teurs.	Subli-mitez.
65	7660	65	8214	65	.0712	2331
70	6428	70	8830	70	13237	1819
75	5000	75	9330	75	18660	1339
80	3420	80	9698	80	28356	792
85	1736	85	9924	85	57150	437
89	349	90	1000	90	infinie.	
90	nulle					

ADVERTISSEMENT.

I'Ay mis la portee d'harquebuze per-pendiculaire horizõtale, & celle de 45. dègrez, telles qu'elles ſe rencontrent dãs l'air, dans le Liure de l'vtilité de l'Har-monie ; & ay trouué que celle de 45. n'eſt que de 350. toiſes, & la perpendiculaire de 288. lors que la portee de poinct en blanc eſt de cent toiſes. Quant aux cen-tres de grauité, Luc Valere en a traicté aſſez amplement apres Commandin.

Mais au lieu de ce qu'en dit Galilee, i'ay mis en la Preface ce que m'en a eſcrit vn tres-ſçauant homme, afinque chacun en ſoit participant.

Fin du cinquieſme Liure.

www.ingramcontent.com/pod-product-compliance
Lightning Source LLC
Chambersburg PA
CBHW070259200326
41518CB00010B/1838